图解家装瓦工技能速成

筑·匠 编

化学工业出版社
·北京·

本书根据家装瓦作施工的特点，运用图解的形式，生动、形象地讲解了家装瓦工的知识和技能，内容包括瓦工基础知识，常用材料和工具的选择，各分项部位，包括砌筑、防水抹灰、装饰抹灰、饰面砖镶贴、饰面板安装等的施工内容，由浅入深，让没有瓦工经验的读者也能迅速地学会相关知识，真正做到"家装瓦工，一本足够"。

本书可供家装业主、希望从事和正在从事家装行业的瓦工、自学瓦工和瓦工就业者等相关人员阅读和参考。

图书在版编目（CIP）数据

图解家装瓦工技能速成/筑·匠编. —北京：化学工业出版社，2019.3（2024.4重印）

ISBN 978-7-122-33701-6

Ⅰ.①图…　Ⅱ.①筑…　Ⅲ.①住宅-室内装修-瓦工-图解
Ⅳ.①TU754.2-64

中国版本图书馆 CIP 数据核字（2019）第 008737 号

责任编辑：彭明兰　　　　　　　　文字编辑：邹　宁
责任校对：宋　夏　　　　　　　　装帧设计：王晓宇

出版发行：化学工业出版社（北京市东城区青年湖南街 13 号　邮政编码 100011）
印　　装：涿州市般润文化传播有限公司
880mm×1230mm　1/32　印张 7　字数 203 千字
2024 年 4 月北京第 1 版第 8 次印刷

购书咨询：010-64518888　　　　　　售后服务：010-64518899
网　　址：http://www.cip.com.cn
凡购买本书，如有缺损质量问题，本社销售中心负责调换。

定　　价：38.00 元　　　　　　　　版权所有　违者必究

前言
Preface

　　随着经济的不断发展和生活水平的不断提高，人们对自身的居住环境也有了更高的要求。在家装过程中，瓦作施工是重要的分部工程，因为很多结构改造和墙、地装修都要用到瓦作施工。但是，很多人对瓦作施工的相关知识不是很了解，不清楚相关的操作步骤与要求，或对施工细节模棱两可。我们从这一情况出发，编写了本书。

　　本书以详细、通俗易懂的语言讲述家装瓦工的知识，包括各种工具的使用、材料的识别与应用、墙体砌筑施工、防水抹灰施工、饰面板安装施工、瓷砖镶贴的风格设计与选择、饰面砖镶贴施工、装饰抹灰施工等。本书将专业知识化繁为简，使读者在阅读后，能够迅速提升自身的专业技能，不但能做好瓦作施工，还可以轻松做好瓦作施工的监工。

　　参与本书编写的人有：刘向宇、安志平、陈建华、陈宏、蔡志宏、邓毅丰、邓丽娜、黄肖、黄华、何志勇、郝鹏、李卫、林艳云、李广、李锋、李保华、刘团团、李小丽、李四磊、刘杰、刘彦萍、刘伟、刘全、梁越、马元、孙银青、王军、王力宇、王广洋、许静、谢永亮、肖冠军、于兆山、张志贵、张蕾。

　　本书在编写过程中参考了相关资料和行业标准，在此向相关人员表示感谢！

　　由于编写时间和水平有限，尽管编者尽心尽力，反复推敲核实，但难免有疏漏及不妥之处，恳请广大读者批评指正，以便做进一步的修改和完善。

编　者

CONTENTS 目录

第一章　家装瓦工基础知识 01 Chapter

一、了解家装瓦作施工 / 1
二、家装瓦作施工常用数据 / 19

第二章　手把手教你使用工具 02 Chapter

一、教你如何使用手动工具 / 20
二、教你如何使用电工工具 / 29

第三章　手把手教你正确选择材料 03 Chapter

一、水泥的正确选择 / 34
二、砂子的正确选择 / 37
三、石灰的正确选择 / 38
四、各类瓷砖的正确选择 / 39
五、填缝剂的正确选择 / 55
六、喷涂材料的正确选择 / 57

第四章　手把手教你砌筑施工 04 Chapter

一、常用砌筑方法的选择 / 62
二、教你如何砌筑砖墙 / 63
三、教你如何砌筑毛石墙 / 85

第五章　手把手教你防水抹灰施工 05 Chapter

一、教你如何进行卫生间防水抹灰施工 / 93
二、教你如何进行厨房防水抹灰施工 / 101
三、教你如何进行阳台防水抹灰施工 / 105

第六章　手把手教你装饰抹灰施工 06 Chapter

一、抹灰工程概述 / 110
二、教你如何进行一般抹灰 / 114
三、教你如何进行顶棚抹灰 / 129
四、教你如何进行内墙抹灰 / 134
五、教你如何进行地面抹灰 / 138
六、教你如何进行外墙抹灰 / 143

CONTENTS
目录

第七章　手把手教你镶贴饰面砖　07 Chapter

一、镶贴细节操作详解 / 146

二、教你如何进行地砖镶贴 / 158

三、教你如何进行墙砖镶贴 / 172

四、教你如何进行马赛克镶贴 / 188

第八章　手把手教你安装饰面板　03 Chapter

一、饰面板安装的常用方法 / 197

二、教你如何安装木质饰面板 / 207

三、教你如何安装金属饰面板 / 211

四、教你如何安装石材饰面板 / 213

五、饰面板安装常见问题及解决方法 / 216

参考文献　00 Reference

第一章　家装瓦工基础知识

一、了解家装瓦作施工

1. 瓦作施工关系到家居生活的安全性

家居装修过程中不仅要注重表面的装饰效果，还要对一些隐蔽、基础性的施工格外重视。瓦作施工在装修工程中涉及的范围十分广泛，例如地面找平（图 1-1）、隔墙砌筑（图 1-2）、地面瓷砖铺贴（图 1-3）、墙面抹灰（图 1-4）、卫生间墙（地）面瓷砖铺贴等，若前期的瓦作施工质量不过关，将会给后期的使用带来安全隐患。

2. 瓦作施工的基本要求

① 必须在水电管线布置完毕（图 1-5），并经检验测量合格后，方可进入瓦作施工阶段，以免造成返工。

图 1-1　地面找平

图 1-2　隔墙砌筑

②　厨房、卫生间贴墙、地砖时要采取妥当的方法防止水泥砂浆流入下水道（图 1-6）。

③　瓦作工程的特点是湿、脏，水泥、砖渣、垃圾多，对施工现场环境及公司或工人形象影响较大，故每一位施工员都一定要做到完

图 1-3　地面瓷砖铺贴

图 1-4　墙面抹灰

成一处工程，马上清理施工现场的垃圾。在现场施工过程中，应该在铁皮上或铁皮盒内拌和水泥砂浆，避免污染室内地面（图 1-7）。

　　④ 通过吊线、打水平尺、量角尺等方法确保墙体上门洞、窗洞

图 1-5　水电工程竣工后方可进行瓦作施工

两侧与水平面垂直，所有转角都是 90°（图 1-8）。

　　⑤ 包下水管时（图 1-9），应该尽可能地减少包下水管的棱角和所占用的空间，阴阳角应方正，并与地面垂直。需要特别注意的是，不准封闭下水管道上的检修口。

　　⑥ 对进入现场的墙、地砖进行开箱检查，看材料的品种、规格是否符合设计要求（图 1-10），严格检查相同的材料是否有色差，仔

图 1-6　下水道用封堵或塑料袋装砂子做好保护

细察看是否有破损、裂纹，测量其宽窄、对角线是否在允许偏差范围内（≤2mm）（图 1-11），检查平整度、渗水度以及是否做过防污处理，发现有质量问题应及时告知业主，请业主选择退换货，如果业主坚持要用，须请业主签字认可。

图 1-7　在铁皮盒内搅拌水泥砂浆

⑦ 计算瓷砖用量时在实际使用量的基础上增加 6％的损耗。

3. 墙面砖铺贴应符合的基本要求

① 贴釉面砖之前，必须用水浸泡充分（2 小时以上），如图 1-12 所示，让瓷砖与砂浆的黏合更为牢固，以保持瓷砖镶贴牢固。同时在粘贴砖时，应在墙砖上抹一层厚度适宜的釉灰，用橡皮锤轻轻敲打平整，使四角都有水泥砂浆溢出，以防墙砖贴后出现空鼓现象。

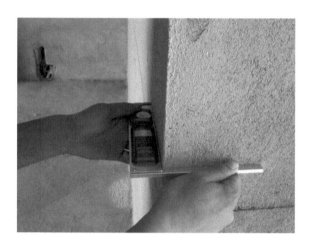

图 1-8 量角尺测量转角

图 1-9 包下水管施工

② 铺贴前应进行放线定位和排砖（图 1-13），每面墙不宜有两列非整砖，非整砖宽度不宜小于整砖的 1/3。应尽量避免出现非整砖现象，如无法避免，应将非整块的面砖排在阴角处及不显眼的部位，如

图 1-10 开箱检查材料规格

图 1-11 测量宽窄及对角线

门后侧、窗间墙、地面边墙或柜下，但须一致、对称；若出现无法避免的小于 1/2 块的小条砖时，应将一块小条砖加一块整砖的尺寸平均后切成两块大于 1/2 的非整砖排列在两边的阴阳角部位，并且位置要对称。

小贴士

浸泡墙砖时，应保证容器和水是干净的，否则容易污染瓷砖。

图 1-12　铺贴前浸泡瓷砖

墙砖排砖原则：遇阳角由阳角起砖；主卫、厨房遇门窗洞口，由洞口双向起整砖；门及窗上下侧半砖均匀居中；出现小于1/2块的小条砖时，应将一块小条砖加一块整砖的尺寸平均后切成两块大于1/2的非整砖排列在门及窗上下侧两边的部位，并且位置要对称；有腰线的，以腰线上、下起整砖；浴缸上侧、台盆上侧、橱柜上侧100mm内不宜有砖缝且不得有半砖；门、窗上侧半砖均匀居中

图1-13 墙砖预排及定位

③ 铺贴前应确定水平及竖向标志，垫好底尺，挂线铺贴（图1-14）。墙面砖表面应平整、接缝应平直、缝宽应均匀一致（图1-15）。阴角砖应压向正确，转角须为90°（图1-16），阳角必须采用瓷砖的原边磨45°角相拼粘贴，使两砖在交角处吻合好且成90°（图1-17）。另外，应保证水泥砂浆饱满，无崩楞掉角及空角，无锋利口，在墙面凸出物处，应整砖套割吻合。

小贴士

　　贴墙砖时，应先确定腰线的高度，（一般为1m左右，一般要求腰线应在开关、插座以下，而且腰线不会被地柜、吊柜等物遮挡）；贴墙砖时，必须吊垂线和水平线，以保证墙砖的垂直度、表面平整度，并保证纵横砖缝相互垂直且对齐

图1-14　墙砖铺贴　　　　　　图1-15　砖面应平整、接缝平直且宽度一致

④ 结合砂浆宜采用1:2水泥砂浆，砂浆厚度宜为6～10mm。水泥砂浆应满铺在墙砖背面（图1-18），一整面墙不宜一次铺贴到顶，以防塌落。

图 1-16　阴角处理

图 1-17　阳角处理

　　⑤ 爆边的墙砖禁止用于正面铺贴，可利用好的一边到周边铺贴，避免损耗。

　　⑥ 墙砖铺贴周边四个角度须呈 90°（图 1-19），且同一平面的墙

图 1-18　墙砖背面应满铺水泥砂浆

砖铺贴必须平整，不宜参照原墙体平面铺贴。

⑦ 门口处及窗户处等处墙面墙砖铺贴应先排列规划好，禁止门洞或窗洞上墙面砖铺贴对缝不准，以保证整体质量美观。

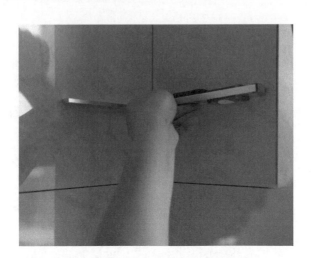

图 1-19 用量角尺测量，周边四个角须呈 90°

4. 石材、地面砖铺贴的要求

① 石材、地面砖铺贴前应浸水湿润。天然石材铺贴前应进行对色、拼花，并试拼、编号。

② 铺贴地砖（图 1-20）前应根据设计要求确定结合层的砂浆厚度，拉十字线控制其厚度和石材、地面砖的表面平整度。

　　结合层砂浆宜采用体积比为1:3的干硬性水泥砂浆，厚度宜高出实铺厚度2~3mm。铺贴前应在水泥砂浆上刷一道水灰比为1:2的素水泥浆或干铺水泥1~2mm后洒水

图 1-20　铺贴地砖

③ 石材、地面砖铺贴时应保持水平，用橡皮锤轻击使其与砂浆黏结紧密（图 1-21），同时调整其表面平整度及缝宽。

④ 铺贴后应及时清理表面，24 小时后应用 1∶1 水泥浆灌缝，选择与地面砖颜色一致的颜料与白水泥拌和均匀后嵌缝（图 1-22）。

⑤ 贴厨房、卫生间、阳台的地砖时，应适当放坡度，使地漏位于最低点，并保证能使地面积水从地漏流尽不积水（图 1-23）。

图 1-21　用橡皮锤使石材或地砖与砂浆黏结紧密

5. 签订瓦作施工合同须知

① 提前预约瓦作工程师上门规划准确定点位，现场做出工程量预算，在施工中，在无变更项的情况下，误差值应不超过 10%。

图 1-22 嵌缝处理

②合同中应确定的内容包括水泥、地砖、墙砖等材料的品牌、型号，防止材料纠纷。

③明确各项目的单价、预算总价及误差值。

④应包含施工中的注意事项以及部分常规尺寸。

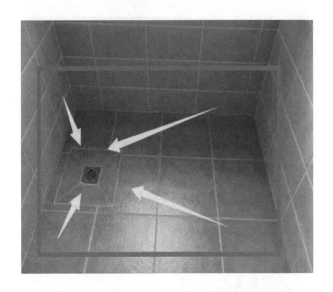

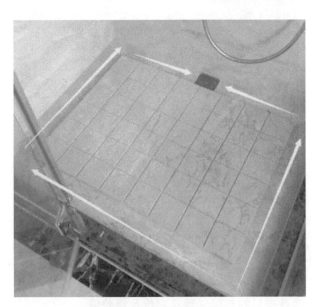

图 1-23　用水房间地面放坡

二、家装瓦作施工常用数据

家装瓦作施工常用数据如下。

① 需粉砌部位与原基连接部分应进行打毛湿水处理。墙抹灰2000mm 以内，平整度误差应小于等于 3mm，垂直度误差应小于等于 3mm，阴阳角应横平竖直、角度分明。

② 贴砖前应检查数量、开箱完好率。对砖的大小、色差进行筛选，浸水时间不应少于 2 小时。检查砖的方正度，不合格的砖要及时向业主提出更换。

③ 厨卫墙地砖铺贴之前先弹出排砖图，标出腰线花砖位置。排砖原则：要把半块砖排在不容易引起注意的地方。墙砖铺贴从自下而上的第二排贴起，待贴完地砖后再补贴最下面一排墙砖，如果原基层较光滑，贴砖前需对原基层做打凿拉毛处理，铺砖过程中要用水平尺控制砖面的水平度、垂直度。

④ 砖平整度：200mm 以内高差小于等于 1.5mm；200mm 以上300mm 以内高差小于等于 2mm。垂直度：3000mm 以内高差小于等于 2mm；2000mm 以上 3000mm 以内高差小于等于 3mm。砖面与砖面高低差小于等于 0.3mm，砖缝横竖成直线。砖缝小于等于 1.5mm（特殊要求除外），接头高低差小于等于 0.5mm，勾缝小于等于 0.5mm，勾缝在水泥未完全干前，把砖缝里的水泥及砖面水泥浆清理干净，再补白水泥。白水泥要兑水、湿补，补完后把表面擦干净。有色砖用同样颜色的色料兑白水泥勾缝。用刀片把砖缝修直压顺。

⑤ 厨卫地砖铺设前应对地面做防水处理。防水层做到墙面距地200mm 处，经 24 小时试水无渗漏现象方可进行下道工序。铺贴地砖时应按 0.5％的坡度做散水处理。完工试水不得出现倒流和积水现象。砖缝横竖应成直线，大小应均匀一致。

⑥ 客、餐厅地砖的铺设应保证平整、水平、方正。砖缝横竖成直线，大小一致。

⑦ 在施工过程中要及时对之前所铺贴的砖进行自检。如有凸出、错缝、损坏、空鼓等缺陷要及时返工。质检在铺贴完工 10 小时左右后进行，对砖的空鼓及其他质量要进行检查，以便于有问题时能及时返工。

第二章　手把手教你使用工具

02

一、教你如何使用手动工具

1. 铁抹子

铁抹子分为方头铁抹子和圆头铁抹子两种，见图 2-1 和图 2-2。铁抹子的用途：常用于涂抹底灰、水泥砂浆面层、水刷石以及水磨石面层等。

2. 塑料抹子

塑料抹子是用硬质聚乙烯塑料做成的抹灰工具，见图 2-3。塑料抹子的用途：常用于压光纸筋灰等面层。

3. 木抹子

抹灰中常用的木抹子见图 2-4。木抹子的用途：搓平底灰和搓毛砂浆表面。

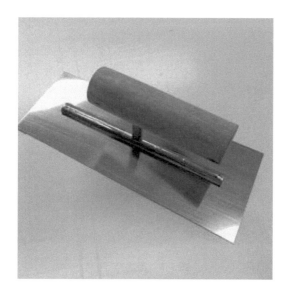

图 2-1　方头铁抹子

图 2-2　圆头铁抹子

图 2-3 塑料抹子

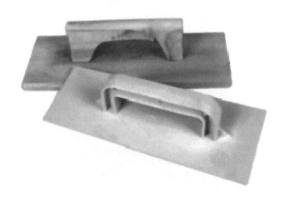

图 2-4 木抹子

4. 阴角抹子

阴角抹灰施工中常用的抹子见图 2-5。阴角抹子的用途：用于压光阴角，常分为圆角和尖角两种。

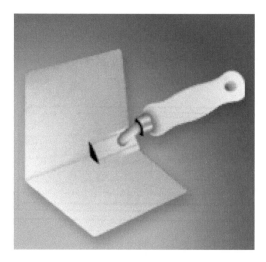

图 2-5　阴角抹子

5. 阳角抹子

抹灰施工中常用的阳角抹子见图 2-6。阳角抹子的用途：用于压光阳角，常分为小圆角和尖角两种。

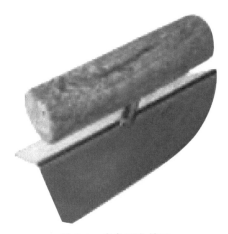

图 2-6　尖角阳角抹子

6. 捋角器

抹灰操作中常用的捋角器见图 2-7。捋角器的用途：用于捋水泥抱角的素水泥浆，作护角层用。

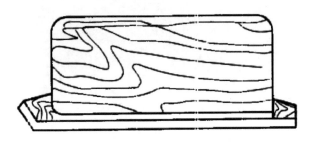

图 2-7　捋角器示意图

7. 托灰板

抹灰操作中常用的托灰板见图 2-8。托灰板的用途：用于托灰时承托砂浆。

图 2-8　托灰板

8. 木杠

瓦作施工过程中常用的木杠见图 2-9。木杠的规格及用途：常见的木杠分为长、中、短三种，长木杠长度为 2.5～3.5m，一般用于做标筋；中木杠长度为 2.0～2.5m；短木杠长度为 1.5m 左右，用于刮平地面或墙面的抹灰层。

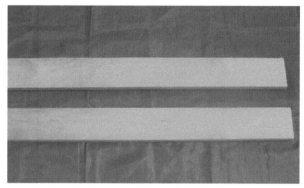

图 2-9　木杠

9. 八字靠尺

瓦作施工过程中常用的八字靠尺见图 2-10。八字靠尺的用途：

图 2-10　八字靠尺

一般为做棱角用的工具。钢筋卡子用于卡紧八字靠尺，常用直径8mm 的钢筋制成，尺寸视需求而定。卡子要求有一定的弹性。

10. 水平尺

瓦作施工过程中用到水平尺见图 2-11。水平尺的用途：主要用于找平。

图 2-11　水平尺

11. 刷子

瓦作施工常用的刷子见表 2-1。

表 2-1　瓦作施工常用的刷子

名称	图例	作用
长毛刷		主要用于室内外抹灰洒水

名称	图例	作用
鸡腿刷		用于施工过程中长毛刷刷不到的地方
钢丝刷		用于清刷基层
茅草刷		用于木抹子抹平时洒水

12. 其他工具

瓦作施工中用到的其他工具见表 2-2。

表 2-2　其他工具

名称	图例	作用
小铁铲		用于饰面砖满刀灰和铺下水道、封下水管头
开刀		用于陶瓷锦砖拔缝
凿子		用于剔凿板材、板块的凸出部位
滚筒		滚筒在抹水磨石地面及豆石混凝土地面时,用于压实

二、教你如何使用电工工具

1. 砂浆搅拌机

瓦作施工中常用的砂浆搅拌机见图 2-12。砂浆搅拌机的用途：用来搅拌各种砂浆。一般常用容量为 200L 和 325L 的搅拌机。

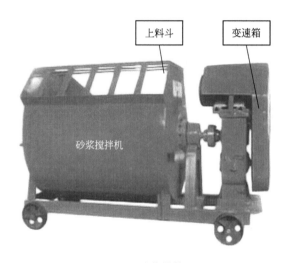

图 2-12　砂浆搅拌机

2. 灰浆机

瓦作施工中常用的灰浆机见图 2-13。灰浆机的用途：灰浆机是搅拌麻刀灰、纸筋灰和玻璃丝灰的机械。每一灰浆机均配有小钢磨和 3mm 筛。经灰浆机搅拌后的灰浆直接进入小钢磨，经钢磨磨细后，流入振动筛中，经振动筛后流入出灰槽以供使用，灰浆机一般要搭棚，在棚中操作。

图 2-13　灰浆机

3. 电钻

瓦作施工过程中常用的电钻见图 2-14。电钻的用途：主要用于

图 2-14　电钻

在混凝土地板、墙壁、砖块、石料、木板和多层材料上进行冲击打孔。电钻配备电子调速设备，可在木材、金属、陶瓷和塑料上钻孔，还可使钻头进行顺转、逆转等动作。

4. 石材切割机

瓦作施工中常用的石材切割机见图 2-15。石材切割机的用途：手提电动石材切割机用于瓷片、瓷板及水磨石、大理石等板材的切割，更换砂轮锯片可用于切割其他材料。

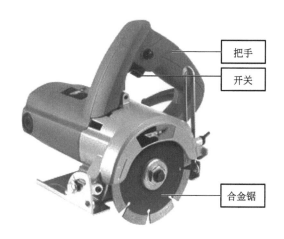

把手

开关

合金锯

图 2-15　石材切割机

5. 水磨石机

瓦作施工中常用的水磨石机见图 2-16。

水磨石机的用途：手持式水磨石机是一种便于携带与操作的小型水磨石机，其结构紧凑、工效较高，适用于大型水磨机磨不到及不易施工的地方，如窗台、楼梯及墙角边等处。结合不同的工作要求，可将磨石换去，装上钢刷盘或布条盘等，或进行金属的除锈、抛光工作。

水磨石机操作经验指导：当水磨石地面硬化程度达到70％时便可进行磨削，若硬度过高，生产效率会降低，增加磨石的耗损；硬度太低则磨出的表面不光滑，易出现麻点。在水磨施工时，要常常加水并随时扫除浑水，这样有助于磨削，且利于观察磨削情况。一般表面磨削两次即可，第一次粗磨，可采用30～60粒度的磨石；第二次细磨，采用70～120粒度的磨石。装夹磨石时，装进深度不应小于15mm，否则磨石易脱落。

图2-16　水磨石机

6. 电动喷液枪

瓦作施工过程中常用的电动喷液枪见图2-17。电动喷液枪的用途：电动喷液枪是一种不需要压缩空气的喷浆装置，其自身带有液体输送的电磁泵。通电后三相交流电可使电磁铁反复吸引并释放推杆，推杆被吸引时泵芯向前运动；推杆被释放时，其泵芯在弹簧作用下回拉。因喷浆孔和进浆孔都装有单向球阀，泵芯回位时泵腔内形成负压，浆液可进入泵腔。泵芯前移时可压缩浆液，当压力超过0.4MPa时，推开球阀而喷出。浆液喷出后由于压力突然下降而膨胀雾化，呈雾状涂敷于建筑物上。

图 2-17　电动喷液枪

一、水泥的正确选择

家装瓦作施工一般选用硅酸盐水泥和普通硅酸盐水泥，它们主要的几个技术指标见表 3-1，不同龄期水泥的强度规范要求见表 3-2。

表 3-1 水泥的主要技术指标

技术指标	性能要求
细度:水泥颗粒的粗细程度	颗粒越细、硬化得越快，早期强度也越高。硅酸盐水泥和普通硅酸盐水泥细度以比表面积表示,不小于 $300m^2/kg$
凝结时间:①从加水搅拌到开始凝结所需的时间称初凝时间;②从加水搅拌到凝结完成所需的时间称终凝时间	硅酸盐水泥初凝时间不小于 45 分钟,终凝时间不大于 6.5 小时;普通硅酸盐水泥初凝时间不小于 45 分钟,终凝时间不大于 6 小时

续表

技术指标	性能要求
体积安定性:指水泥在硬化过程中体积变化的均匀性能	水泥中含杂质较多,会产生不均匀变形
强度:指水泥胶砂硬化后所能承受外力破坏的能力	不同品种不同强度等级的通用硅酸盐水泥,其不同龄期的强度应符合表 3-2 的规定。一般而言,家装瓦作施工选择强度等级为 42.5 级的水泥就可以了

表 3-2　不同龄期水泥的强度规范要求

品种	强度等级	抗压强度/MPa		抗折强度/MPa	
		3 天	28 天	3 天	28 天
硅酸盐水泥	45.5 45.5R	≥17.0 ≥22.0	≥42.5	≥3.5 ≥4.0	≥6.5
	52.5 52.5R	≥23.0 ≥27.0	≥52.5	≥4.0 ≥5.0	≥7.0
	62.5 62.5R	≥28.0 ≥32.0	≥62.5	≥5.0 ≥5.5	≥8.0
普通硅酸盐水泥	42.5 42.5R	≥17.0 ≥22.0	≥42.5	≥3.5 ≥4.0	≥6.5
	52.5 52.5R	≥23.0 ≥27.0	≥52.5	≥4.0 ≥5.0	≥7.0

水泥正确选择的技巧如下。

① 看水泥的包装是否完好,标识是否完全。正规水泥包装袋上的标识有:工厂名称,生产许可证编号,水泥名称,注册商标,品种(包括品种代号),强度等级(标号),包装年、月、日和编号,见图 3-1。

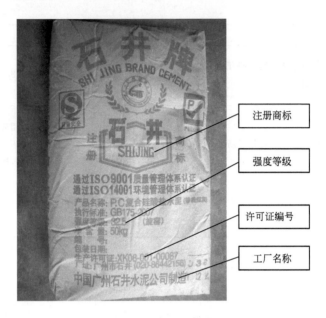

注册商标

强度等级

许可证编号

工厂名称

图 3-1　水泥包装袋

② 用手指捻一下水泥粉，如果是感觉到有少许细、砂、粉，则表明水泥细度是正常的。

③ 看水泥的色泽是否为深灰色或深绿色，如果色泽发黄（熟料是生烧料）、发白（矿渣掺量过多），其水泥强度一般比较低。

④ 水泥也是有保质期的。一般而言，超过出厂日期 30 天的水泥，其强度将有所下降。储存 3 个月后的水泥，其强度会下降 10%～20%，6 个月后会降低 15%～30%，一年后会降低 25%～40%。正常的水泥应无受潮结块现象，优质水泥在 6 小时左右即可凝固，超过 12 小时仍不能凝固的水泥就属于质量不合格产品。

⑤ 作为基础建材，市面上水泥的价格相对比较透明，例如强度等级为 42.5 级的普通硅酸盐水泥，一袋也就是 20 元左右。水泥强度等级越高，价格也相应高一些。

二、砂子的正确选择

1. 家装用砂的种类

家装用砂的种类分为天然砂和人工砂两种。

① 天然砂是由自然风化、水流搬运和分选、堆积形成的，粒径小于 4.75mm 的岩石颗粒，包括河砂、湖砂、山砂、淡化海砂，但不包括软质岩、风化岩石的颗粒。

② 人工砂是经除土处理的机制砂、混合砂的统称。机制砂是由机械破碎、筛分制成的，粒径小于 4.75mm 的岩石颗粒，但是不包括软质岩、风化岩石的颗粒。混合砂则是由机制砂和天然砂混合制成的建筑用砂。

2. 家装用砂的规格

家装用砂的规格及参数见表 3-3。

表 3-3　家装用砂的规格及参数

类别	细度模数/mm	应用范围
细砂	1.6～2.2	常用抹面
中砂	2.3～3.0	混凝土配制
粗砂	3.1～3.6	混凝土配制

3. 家装用砂的类别

根据国家规范，建筑用砂按技术要求分为Ⅰ、Ⅱ、Ⅲ三种类别，分别用于不同强度等级的混凝土，其主要内容见表 3-4。

表 3-4　不同种类砂的适用范围

类别	适用范围
Ⅰ类	宜用于强度等级大于 C60 的混凝土
Ⅱ类	宜用于强度等级为 C30～C60 以及有抗冻、抗渗或其他要求的混凝土
Ⅲ类	宜用于强度等级小于 C30 的混凝土和建筑砂浆

　　家装用砂类别的划分涉及的因素较多，包含颗粒级配、含泥量、含石粉量、有害物质含量（这里的有害物质是指对混凝土强度的不良影响）、坚固性指标、压碎指标六个方面。对于普通业主来说，很多因素是很难了解的，一般可以通过以下方法大概地去辨别：强度低的砂看着更细一些，清洁程度也要差一点，当然，石粉含量、有害物质等也会相对多一些，最后拌和的混凝土强度也会等级低一点。因为家装瓦作施工所需混凝土的强度等级一般不高，因此，选择Ⅲ类砂就能够满足要求了。

4. 家装用砂的正确选择技巧

　　对于家装瓦作施工而言，在选择砂的时候，首先要搞清楚是用来做什么，如果是搅拌混凝土就选中粗砂，如果是要装饰抹面，那就选相对细的砂。然后看里面是否有其他杂质，砂的颗粒是否饱满、均匀，是否有一些风化的砂。至于是选天然砂还是机制砂主要受制于当地的自然环境，一般以更经济的作为首选。

三、石灰的正确选择

1. 石灰的选择

生石灰呈白色或灰色块状，为便于使用，块状生石灰常需加工成生石灰粉、消石灰粉或石灰膏，其特性如下。

① 生石灰粉是由块状生石灰磨细而得到的细粉。

② 消石灰粉是块状生石灰用适量水熟化而得到的粉末，又称熟石灰。

③ 石灰膏是块状生石灰用较多的水（为生石灰体积的 3～4 倍）熟化而得到的膏状物，也称石灰浆。

通常家装抹灰买的都是生石灰，然后要经过熟化或消化，即用水熟化一段时间，得到熟石灰（或称消石灰）。

在家装抹灰的施工中，熟化石灰常用两种方法：消石灰浆法和消石灰粉法。

2. 石灰选择的技巧

在购买生石灰时，应选块状生石灰，好的块状生石灰应该具有以下几个方面的特点。

① 表面不光滑、毛糙。表面光滑有反光，轮廓清楚的为石头，一般都没有烧好。

② 同样体积的石灰，烧得好的比较轻，没烧好的比较沉、轮廓清楚无毛刺。

③ 好的石灰化水时全部化光，没有杂质，也没有石块沉淀物。

④ 在购买石灰时，最好现买、现化、现用。

四、各类瓷砖的正确选择

1. 瓷砖选择小常识

（1）瓷砖选择的方法

瓷砖选择的方法见表 3-5。

（2）瓷砖的规格片数

常见的瓷砖包装是按箱的，见图 3-2。

表 3-5 瓷砖选择的方法

方法	主要内容
看	主要是看瓷砖表面是否有黑点,有无划痕、色斑、气泡、针孔、裂纹、缺边、缺角,玻化砖还要注意是否有漏抛、漏磨、变形等缺陷
掂	通过掂瓷砖分量,利用手感来判断。同一规格的瓷砖,质量好、密度高的瓷砖手感比较沉;反之,质量差的瓷砖手感较轻
听	敲击瓷砖表面,通过听声音来鉴别瓷砖的好坏。敲打瓷砖,听声辨密度,如果声音清脆,则说明瓷砖瓷化密度高、质量好
尺量	瓷砖边长的精确度越高,铺贴后的效果越好,买优质瓷砖不但容易施工,而且能节约工时和辅料。用卷尺测量每片瓷砖的大小,边长有无差异,精确度高的为上品
滴水试验	可将水滴在瓷砖背面,看水散开后浸润的快慢,一般来说,吸水越慢,说明该瓷砖密度越大;反之,吸水越快,说明密度小。其内在品质以前者为优

图 3-2 瓷砖包装

瓷砖的常见规格及片数：165mm×165mm：36 片/箱；300mm×300mm：18 片/箱；330mm×330mm：18 片/箱；300mm×450mm：12 片/箱；300mm × 600mm：10 片/箱；600mm × 600mm：4 片/箱；600mm×900mm：3 片/箱；800mm × 800mm：3 片/箱 或 4 片/箱；1000mm×1000mm：2 片/箱。

（3）瓷砖的色号

① 选择瓷砖时要注意色号。对于同一型号的瓷砖产品来说，不同批次生产的产品，可能会存在着一定的颜色上的差异，比如同样是同一厂家的同款产品，某些色号是 28，而某些色号是 35，虽然两者总体上纹理差不多，但要是这两个不同色号的瓷砖使用在了同一场所，就可能出现色差。两者放在一起对比，就会发现它们的颜色会有一定的差别。为了区分这些不同批次和颜色有差异的相同型号的产品，就利用数字或者字母等方式来标记，加以区分。这样就可能最大限度地保证不至于出现色差的问题。

对于大多的陶瓷厂家来说，相同型号的不同颜色的产品，在做标记的时候，标注的数值和颜色的深浅总体上是有一些对应的关系的，但还是有很多的厂家在标注的时候带有很大的随意性，所以色号数值的大小和瓷砖的颜色的深浅是没有直接关系的。

② 了解瓷砖色号的用处。在补货的时候，也要注意所补的瓷砖的色号是否和最开始使用的瓷砖的色号相同，要尽可能地使用同一色号的产品铺贴，这样才可能最大限度地避免出现色差的问题。前面已经介绍了，同一型号的产品生产批次不同，可能会有颜色的差异，那么在购买和使用瓷砖产品的时候，除了要注意型号是否正确外，还要注意色号是否相同，在使用瓷砖时，色号相同的产品才可以使用在同一空间。

③ 色差辨别。"色差"是指一片砖与另一片砖的色泽差异，或同一片砖的一部分与其他一部分的色泽差异。

一般情况下，在一个约几个平方米的面积里，在适当均匀的光照下，一批产品看不出明显的色泽差异，则视为无色差。产生色差的原因：一方面由于目前陶瓷原料标准化不够，产地多样化，开采技术不统一，原料的标准又各不同，使得各生产厂家要经常变换原料，势必

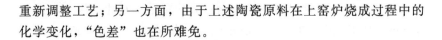

重新调整工艺；另一方面，由于上述陶瓷原料在上窑炉烧成过程中的化学变化，"色差"也在所难免。

2. 釉面砖的正确选择

釉面砖（图 3-3）是装修中最常见的砖种，由于色彩图案丰富，而且防污能力强，因此被广泛应用于墙面和地面装修，较多地被用于厨房和卫浴间中。根据光泽的不同，釉面砖又可以分为光面釉面砖和亚光釉面砖两类，可以根据家居空间的需求来选择。

小贴士

①釉面砖的色彩图案丰富、规格多；防渗，可无缝拼接、任意造型，韧度非常好，基本不会发生断裂现象；

②由于釉面砖的表面是釉料，所以耐磨性不如抛光砖；

③釉面砖的应用非常广泛，但不宜用于室外，因为室外的环境比较潮湿，釉面砖会吸收水分产生湿胀。釉面砖主要用于室内的厨房、卫生间

图 3-3　釉面砖

（1）釉面砖选购小常识

① 在光线充足的环境中把釉面砖放在离视线 0.5m 的距离外，观察其表面有无开裂和釉裂，然后把釉面砖反转过来，看其背面有无磕碰情况，但只要不影响正常使用，有些磕碰也是可以的。如果侧面有裂纹，且占釉面砖本身厚度一半或一半以上的时候，那么此砖就不宜使用了。

② 随便拿起一块釉面砖，然后用手指轻轻敲击釉面砖的各个位置，如声音一致，则说明内部没有空鼓、夹层；如果声音有差异，则可认定此砖为不合格产品。

（2）釉面砖保养小提示

① 釉面砖砖面的釉层是非常致密的物质，有色液体或者脏东西是不会渗透到砖体中的，使用抹布蘸水或者用瓷砖清洗剂擦拭砖面即可清除掉砖面的污垢，如果是凹凸感强的瓷砖，凹凸缝隙里面积存了很多灰尘的话，可以先用刷子刷，然后用清水冲洗即可清除砖面污垢。

② 隔一段时间可在釉面砖的表面打液体免抛蜡、液体抛光蜡或者做晶面处理。

3. 仿古砖的正确选择

仿古砖如图 3-4 所示。最为流行的仿古砖款式有单色砖和花砖两种。单色砖主要用于大面积铺装，而花砖则作为点缀用于局部装饰。一般花砖图案都是手工彩绘，其表面为釉面，复古中带有时尚感。而在色彩运用方面，仿古砖采用自然色彩，多为单色或者复合色。自然色彩就是取自于自然界中土地、大海、天空、植物等的颜色，如砂土的棕色、棕褐色和红色；叶子的绿色、黄色、橘黄色；水和天空的蓝色、绿色和红色等。

（1）仿古砖选购小常识

① 仿古砖的耐磨度分为五度，从低到高。五度属于超耐磨度，一般不用于家庭装饰。家装用砖在一度至四度之间选择即可。

② 硬度直接影响仿古砖的使用寿命，选购时了解这一点尤为重要。可以用敲击听声的方法来鉴别，声音清脆的就表明内在质量好，

①仿古砖技术含量要求相对较高，数千吨液压机压制后，再经高温烧结，使其强度高，具有极强的耐磨性，经过精心研制的仿古砖兼具了防水、防滑、耐腐蚀的特性；

②仿古砖适用于客厅、餐厅等空间，也可在厨卫等区域使用

图 3-4 仿古砖

不易变形破碎，即使用硬物划一下砖的釉面也不会留下痕迹。

③ 查看同一批仿古砖的颜色、光泽纹理是否大体一致，能不能较好地拼合在一起，色差小、尺码规整是上品。

④ 购买时要比实际使用面积多约5％以上，以免补货时不同批次的产品产生色差、尺寸差异。

（2）仿古砖保养小提示

① 如遇到施工过程中遗留的水泥渍或锈渍无法清除时，可以采用普通工业盐酸与水以1：3的比例混合，或采用碱水、有机溶剂等清洁后用湿毛巾擦拭，即能去除污渍。但是清洁剂对砖面有腐蚀性，

所以建议要速战速决，及时擦除干净并进行保养。

② 对于砖面有划痕的情况，可以先在划痕处涂抹牙膏，再用柔软的干抹布擦拭即可。

③ 砖缝的清洁可以使用去污膏，用牙签蘸少许去污膏清洁缝隙处，然后用毛笔刷一道防水剂即可，这样不仅能防渗水，且能防止真菌生长。

④ 定期为仿古砖打蜡，可持久保持其效果，间隔 2～3 个月为宜。

4. 全抛釉瓷砖的正确选择

全抛釉瓷砖（图 3-5）是经高温烧成的瓷砖，花纹着色肌理是透明色彩。全抛釉瓷砖色彩鲜艳，花色品种多样，纹理自然。大块的抛晶砖（全抛釉瓷砖的一种）还有地毯砖的别称，多数为精美的拼花，可以组合成类似花纹地毯的效果。

（1）全抛釉瓷砖选购小常识

① 全抛釉瓷砖最突出的特点是光滑透亮，单个光泽度值高达104，釉面细腻平滑，色彩或厚重、或绚丽，图案细腻多姿。鉴别时，要仔细看整体的光感，还要用手轻摸感受质感。

② 全抛釉瓷砖也要测吸水率、听敲击声音、刮擦砖面、细看色差等，鉴别方法与其他瓷砖基本一致。

③ 为预防施工及搬运损耗，建议多购买数片并按整箱购买，用量可用铺贴边长计算。

（2）全抛釉瓷砖保养小提示

① 全抛釉瓷砖日常中沾染污迹，可使用次氯酸钠稀释液（漂白剂），根据污渍种类选择浸泡时间，如墨水或防污蜡霉变形成的霉点浸泡几分钟即可，茶渍、果汁等需浸泡 20～30 分钟，之后用布擦拭干净即可。

② 全抛釉瓷砖如果遇到水泥、水垢、水锈、锈斑等问题，可使用盐酸或磷酸溶液，多擦几遍即可；遇到油漆、油污等问题，可使用碱性清洁剂或有机溶剂去漆去除。

③ 全抛釉瓷砖还可以采用以下方法去污：先使用 20%～40% 的

小贴士

①全抛釉瓷砖的优势在于花纹出色,不仅造型华丽,色彩也很丰富,且富有层次感,格调高。

②全抛釉瓷砖的缺点为防污染能力较弱;其表面材质太薄,容易刮花划伤,容易变形。

③全抛釉瓷砖的种类丰富,适用于任何家居风格;因其丰富的花纹,特别适合欧式风格的家居环境。

④全抛釉瓷砖常用于卧室、书房的墙面和地面

图 3-5 全抛釉瓷砖

氢氧化钠溶液浸泡 24 小时后用布擦净,然后再用 30％～50％的盐酸溶液浸泡 30 分钟后用布擦净即可。

5. 玻化砖的正确选择

玻化砖(图 3-6)是瓷质抛光砖的俗称,是由石英砂、泥按照一定比例烧制而成的,属通体砖的一种。吸水率低于 0.5％的陶瓷都称为玻化砖,抛光砖吸水率低于 0.5％,也属玻化砖。因为吸水率低的

缘故，玻化砖的硬度也相对比较高，不容易有划痕。玻化砖可广泛用于各种工程及家庭的地面和墙面。

小贴士

　　①玻化砖色彩柔和，没有明显色差，质感优雅、性能稳定，强度高、耐磨、吸水率低。
　　②厚度相对较薄，抗折强度高，砖体轻巧，建筑物荷重减少。
　　③玻化砖的种类丰富，适用于任何家居风格；因其表面光泽感强，特别适合简约风格的家居环境。
　　④玻化砖适合运用于客厅、卧室、书房、过道的墙面、地面，不适用于厨房和卫生间

图 3-6　玻化砖

　　（1）玻化砖选购小常识
　　① 看砖体表面是否光泽亮丽、有无划痕、色斑、漏抛、漏磨、缺边、缺角等缺陷。查看底坯商标标记，正规厂家生产的产品底坯上

都有清晰的产品商标标记。

② 同一规格的砖体，质量好、密度高的砖手感都比较沉，质量差的手感较轻。

③ 敲击瓷砖，若声音浑厚且回音绵长如敲击铜钟之声，则为优等品；若声音混哑，则质量较差。

④ 测量玻化砖的尺寸，边长偏差不大于1mm为宜，对角线允许偏差500mm×500mm的不大于1.5mm，600mm×600mm的不大于2mm，800mm×800mm的不大于2.2mm，若超出这个标准，会影响装饰效果。量对角线的尺寸可以用一条很细的线拉直沿对角线测量，看是否有偏差。

⑤ 在同一型号且同一色号范围内随机抽样不同包装箱中的产品若干在地上试铺，站在3m之外仔细观察，检查产品色差是否明显，砖与砖之间缝隙是否平直，倒角是否均匀。

⑥ 正规厂家的包装上都明显标有厂名、厂址、商标、规格、等级、色号、工号或生产批号等，并有清晰的使用说明和执行标准。如果中意的品牌砖没有上述标记或标记不完全，请慎重选择。

（2）玻化砖保养小提示

① 在玻化砖没有使用前以及进行清洁以后，在表面涂刷一层防水防污剂，可以阻止水分及污垢的侵入，而且不会改变玻化砖原有亮丽的效果，以后的清洁变得简单起来。

② 日常保养玻化砖时，宜先将地砖上所有污渍彻底清扫干净，然后将清洗剂泼洒在地砖上，用打蜡机将地砖上的污渍摩擦干净，再将水性蜡倒入干净的干拖把上，将蜡均匀涂布于地砖上即可。上蜡后让地砖表面自然阴干，也可用电风扇辅助吹干，一般打蜡后8小时才会完全干，如有重物要移动需等蜡完全干后才能搬动，这样做可以保持玻化砖表面的光亮度。

6. 马赛克的正确选择

马赛克（图3-7）是建筑上用于拼成各种装饰图案的片状小瓷砖。坯料经半干压成形，窑内焙烧成锦砖，主要用于铺地或内墙装饰，也可用于外墙饰面。

①马赛克具有防滑、耐磨、不吸水、耐酸碱、抗腐蚀、色彩丰富等优点。

②马赛克的缺点为缝隙小，较易藏污纳垢。

③马赛克适用于厨房、卫浴、卧室、客厅等。如今马赛克可以烧制出更加丰富的色彩，也可用各种颜色搭配拼贴成自己喜欢的图案，所以也可以镶嵌在墙上作为背景

图 3-7 马赛克用作卫浴间的腰线

（1）马赛克选购小常识

① 在自然光线下，距马赛克 0.5m 目测有无裂纹、疵点及缺边、缺角现象，如内含装饰物，其分布面积应占总面积的 20% 以上，且分布均匀。

② 马赛克的背面应有锯齿状或阶梯状沟纹。选用的胶黏剂除保证粘贴强度外，还应易清洗。此外，胶黏剂还不能损坏背纸或使玻璃马赛克变色。

③ 抚摸其釉面可以感觉到防滑度，然后看厚度，厚度决定密度，密度高吸水率才低，吸水率低是保证马赛克持久耐用的重要因素，可以把水滴到马赛克的背面，水滴不渗透的质量好，往下渗透的质量差。另外，内层中间打釉的通常是品质好的马赛克。

④ 选购时要注意颗粒之间是否同等规格、是否大小一样，每颗小颗粒边沿是否整齐，将单片马赛克置于水平地面检验是否平整，单片马赛克背面是否有过厚的乳胶层。

⑤ 品质好的马赛克包装箱表面应印有产品名称、厂名、注册商标、生产日期、色号、规格、数量和重量（毛重、净重），并应印有防潮、易碎、堆放方向等标志。

（2）马赛克保养小提示

① 不论何种类型的马赛克，用于地面时要防止重物击打；另外，贝壳马赛克仅用清水擦拭即可，其他类型马赛克的清洁保养可用一般洗涤剂，如去污粉、洗衣粉等，重垢也可用洁厕剂洗涤。

② 若马赛克脱落、缺失，可用同品种的马赛克粘补。黏结剂配方为：水泥 1 份、细砂 1 份、108 胶水 0.02～0.03 份或水泥 1 份、108 胶 0.05 份、水 0.26 份。108 胶水一般占水泥的 0.2％～0.4％。加 108 胶水后的黏结剂比单用水与水泥黏结牢固，而且初凝时间长，可连续使用 2～3 小时。

7. 金属砖的正确选择

金属砖（图 3-8）是在坯体表面施加金属釉后再经过 1200℃的高温烧制而成的，具有釉一次烧成，强度高；耐磨性好；颜色稳定、亮丽，视觉冲击力强等特点。金属砖的用途：不仅可用在室外墙壁上做线条，点缀建筑物，起到画龙点睛的效果；还可用于室内局部装饰，用金属砖的亮丽给人以金碧辉煌之感，可提高房屋装潢的格调与品位。

（1）金属砖选购小常识

① 选购金属砖时，以左手拇指、食指和中指夹瓷砖一角，轻轻垂下，用右手食指轻击陶瓷中下部，如声音清亮、悦耳为上品；如声音沉闷、滞浊则为下品。

①金属砖具有光泽耐久、质地坚韧的特点，并且具有良好的热稳定性、耐酸碱性，易于清洁。

②金属砖能够彰显高贵感和现代感，因此十分适用于现代风格和欧式风格的室内环境中。

③金属砖常用于家居小空间的墙面和地面铺设，如卫浴、过道等，且有很好的点缀作用

图 3-8　金属砖用作墙面铺贴

② 选购金属砖时，应选择仿金属色泽的釉砖，价格比较便宜，并且呈现出来金属质感比较温和，适合铺在面积比较大的空间内。

③ 金属砖以硬底良好、韧性强、不易碎为上品。仔细观察残片断裂处是细密还是疏松，色泽是否一致，是否含有颗粒。以残片棱角互划，是硬、脆还是较软，是留下划痕还是散落粉末，如为前者，则该金属砖即为上品，后者即下品。

④ 品质好的金属砖无凹凸、鼓突、翘角等缺陷，边直面平，边长的误差不超过2~3mm，厚薄的误差不超过1mm。

⑤ 品质好的金属砖釉面应均匀、平滑、整齐、光洁、亮丽，色泽一致。光泽釉应晶莹有亮泽，无光釉的应柔和、舒适。如果表面有颗粒，不光洁，颜色深浅不一，厚薄不匀甚至凹凸不平，呈云絮状，则为下品。

⑥ 将几块金属砖拼放在一起，在光线下仔细查看，好的产品色差很小，产品之间色调基本一致。而差的产品色差较大，产品之间色调深浅不一。

（2）金属砖保养小提示

金属砖的表面金属已经过抗氧化处理，因此不会变色，平时用桐油进行保养就可以，每两周保养一次即可，这样做能够使表面的光泽度得到保持，但是不能使用强酸性或者碱性的清洗剂来擦拭，会破坏金属表层，还要注意避免重物的撞击。

8. 木纹砖的正确选择

木纹砖（图3-9）是一种表面呈现木纹装饰图案的新型环保建材。分原装边（烧成时即是长条形，无需切割）和精装边（方砖，后期都切割后铺贴）两大类，各有优缺点。市面产品大部分为高吨位压机干压后一次烧成，少部分沿用劈离砖（劈开砖）的工艺。纹路逼真、自然朴实、没有木地板褪色、不耐磨等缺点，是易保养的亚光釉面砖。它以线条明快，图案清晰为特色。木纹砖逼真度高；本身具有阻燃、耐腐蚀的特点，是绿色、环保型建材；产品使用寿命长，耐磨，无需像木制产品那样需要周期性地打蜡保养。

（1）木纹砖选购小常识

① 木纹砖的纹理重复越少越好。木纹砖是仿照实木纹理制成的，想要铺贴效果接近实木地板，则需要选择纹理重复少的才能够显得真实，至少达到几十片都不重复才能实现大面积铺贴时的自然效果。

② 木纹砖不仅仅用眼看，还需要用手触摸来感受面层的真实感。

①木纹砖的纹路逼真、自然朴实，没有木地板褪色、不耐磨等缺点，易保养。

②木纹砖的价格较高，踩起来没有木地板温暖；木纹砖在各类风格的家居中均适用。

③木纹砖常用的家居空间为客厅、餐厅和厨房，另外由于其瓷质的吸水率最低，硬度和耐磨度也较高，因此也适合用于卫浴间和户外阳台

图 3-9　木纹砖用作地面铺贴

高端木纹砖表面有原木的凹凸质感，年轮、木眼等纹理细节入木三分。

③ 木纹砖与地板一样，单块的色彩和纹理并不能够保证与大面积铺贴完全一样，因此在选购时，可以先远距离观看产品有多少面是不重复的、近距离观察设计面是否独特，而后将选定的产品大面积摆放一下感受铺贴效果是否符合预期，再进行购买。

（2）木纹砖保养小提示

① 白的填缝剂虽然看起来美观，但容易有吃色的问题，就算弄脏后马上清理也难以去掉污渍。因此建议使用具有酵素的清洁剂清洁。若是无法完全去除脏污，可挖除脏掉的填缝剂再进行回填。

② 若在瓷砖上的木纹纹理间沾染了污物，可用牙刷、软刷、油漆刷或是软质的布辅助擦拭干净。

9. 皮纹砖的正确选择

皮纹砖（图3-10）是表面仿动物皮纹的一种瓷砖，将瓷砖皮

①皮纹砖触感真实，温暖，改善了瓷砖的冰冷感。

②皮纹砖可以与皮革家具搭配协调，营造和谐统一的整体家居氛围。

③皮纹砖适合吧台、卧室、高档浴室、电视背景墙等居室空间的铺贴

图3-10　皮纹砖可装饰墙面、地面

革化，让瓷砖变得已经不仅仅是单纯的瓷砖，更是一种可以随意切割、组合、搭配的建筑装饰应用"皮料"，突破了瓷砖的固有概念。它克服了瓷砖坚硬、冰冷的触感，从视觉和触觉上可以体验到皮的质感。皮纹砖具有凹凸的纹理和柔和的皮革质感与肌理，有着皮革制品的缝线、收口、磨边的特征。

（1）皮纹砖选购小常识

① 手拿皮纹砖观察侧面检查平整度；或将两块或多块砖置于平整地面，紧密铺贴在一起，缝隙越小越好。

② 一只手夹住皮纹砖的一角，提于空中，让砖自然下垂，然后用另一只手的手指关节敲击砖的中下部，声音清脆者为上品，声音沉闷者为下品。

③ 吸水率的检测是评价皮纹砖质量好坏的一个非常重要的标准。可以在皮纹砖背面倒一些水，看其渗入时间的长短。如果皮纹砖在吸入部分水后，剩余水还能长时间停留在其背面，则证明皮纹砖吸水率低，质量好。反之，则说明皮纹砖吸水率高。

（2）皮纹砖保养小提示

① 铺贴完后及时用湿毛巾对产品表面进行清洁，可能会将填缝剂的白色粉末沾到瓷砖上，干后砖就会发白。这时可以加一些瓷砖清洁液清洗，再用干布擦拭。

② 日常保养皮纹砖可以用干布擦拭，也可以用蘸了蜡的拖把擦拭。严禁用铁刷、清洁球及化学用品（如天那水等）进行清洗。

五、填缝剂的正确选择

填缝剂（图 3-11）黏合性强、收缩小、颜色固着力强，具有防裂纹的柔性，装饰质感好，抗压力、耐磨损、抗霉菌，能完美地修补地板表面的开裂或破损。填缝剂表面还可以上油漆，具有良好的防水性。填缝剂色彩丰富，还可自行配制颜色。

图 3-11　填缝剂

1. 填缝剂用于墙体铺贴

① 先将墙壁基面用清水淋湿，待表面无明水时方可进行胶黏剂施工。

② 在规定时间内（按胶黏剂产品使用说明要求）贴完石材，粘贴时要轻微扭转和上下搓动石材或用木锤轻轻敲打，使石材与胶黏剂紧密贴合（针对墙身铺贴，施工队亦可根据设计要求再加挂铜线固定牢固）。

③ 校正水平与邻板之间的接缝，注意石材之间应预留 2mm 或以上的接缝。

④ 初步清洁附在板材表面的污物，粘贴好的石材 3 天后（可根据专用人造石胶黏剂的使用说明）方可进行清缝、填缝处理，填缝时应使用人造石材专用填缝剂。

⑤ 填缝处理后清洁附在板材表面的填缝料及污物（不能用含酸碱性清洁剂，瓷砖填缝剂建议采用专用人造石清洁剂）。

⑥ 石材铺贴后，经过验收与清理后才能把薄膜撕开。

2. 填缝剂用于地板铺贴

① 缝隙要清洁，没有碎屑和积水，对于吸水率较高的瓷砖，可预先湿润缝隙。

② 清洁需填缝的缝隙，使其无积尘、碎屑及积水。

③ 缝隙的深度应不少于 0.6cm 或砖高。

④ 孔隙过大的瓷砖，应先做饰面保护后再填缝，以免影响或污染砖面，或用特殊的勾缝刀进行填缝。

⑤ 用橡皮填缝刀或软质刮板，把拌好的彩色防水防霉填缝剂沿砖面对角线方向压入缝里，填满缝隙，并把多余部分刮走，施工时间为 1～2 小时。

⑥ 待填缝剂干 24 小时完全固化后，再用水或专用清洗剂清除尚存的斑迹。

3. 填缝剂用量计算

水泥基填缝剂的用量（kg/m^2）常按下列公式计算。

$$每平方米耗量 = \frac{砖长 + 砖宽}{砖长 \times 砖宽} \times 砖高 \times 缝宽 \times 1.7$$

六、喷涂材料的正确选择

1. 内墙涂料的分类

内墙涂料是目前室内装饰装修中最常用的墙面装饰材料。根据溶剂的不同，内墙涂料可分为水溶性涂料和溶剂型涂料，其具体特性见表 3-6。

表 3-6　内墙涂料的类别及特性

名称	内容
水溶性涂料	水溶性涂料无污染、无毒、无火灾隐患，易于涂刷、干燥迅速，漆膜耐水、耐擦洗性好，色彩柔和。水溶性涂料以水作为分散介质，无环境污染问题，透气性好，避免了因涂膜而导致内外温度压力差引起的起泡问题，适合未干透的新墙面涂刷
溶剂型涂料	溶剂型内墙涂料以高分子合成树脂为主要成膜物质，必须使用有机溶剂为稀释剂。该涂料是用一定的颜料、添料及助剂经混合研磨而制成的，是一种挥发性涂料，价格比水溶性涂料高。此类涂料因为含有易燃溶剂，所以施工时易造成火灾。在低温施工时，其性能好于水溶性涂料，有良好的耐候性和耐污染性，有较好的厚度、光泽、耐水性、耐碱性，但在潮湿的基层上施工时易起皮、起泡、脱落

2. 内墙涂料的种类及参考价格

内墙装饰涂料的种类有很多，下面以几种常用的涂料为例进行解读，具体内容见表 3-7～表 3-10。

表 3-7　乳胶漆的基本特性及参考价格

特点	图片	价格
乳胶漆是以合成树脂乳液为原料，加入颜料、调料及各种辅助剂配制而成的一种水性涂料，右图为红色乳胶漆涂刷的背景墙		乳胶漆的价格一般在300～1000 元/桶（可根据装修的风格和档次进行选择）

续表

选购小常识

①用鼻子闻。真正环保的乳胶漆应是水性无毒无味的,如果闻到刺激性气味或工业香精味,就应慎重选择。

②用眼睛看。放一段时间后,正品乳胶漆的表面会形成一层厚厚的、有弹性的氧化膜,不易裂;而次品只会形成一层薄薄的膜,易碎,且具有辛辣气味。

③用手感觉。将乳胶漆拌匀,再用木棍挑起来,优质乳胶漆往下流时会呈扇面形。用手指摸,正品乳胶漆应该手感光滑、细腻。

④耐擦洗。可将少许涂料刷到水泥墙上,涂层干后用湿抹布擦洗,高品质的乳胶漆耐擦洗性很强,而低档的乳胶漆只擦几下就会出现掉粉、露底的褪色现象。

⑤根据空间功能选购。例如,卫浴、地下室最好选择耐真菌性较好的,而厨房则最好选择耐污渍及耐擦洗性较好的产品

表 3-8 硅藻泥的基本特性及参考价格

特点	图片	价格
是一种以硅藻土为主要原材料的内墙环保装饰壁材,具有消除甲醛、净化空气、调节湿度、释放负氧离子、防火阻燃、墙面自洁、杀菌除臭等功能。由于硅藻泥健康环保,不仅有很好装饰性,还具有功能性,因此是替代壁纸和乳胶漆的新一代室内装饰材料		硅藻泥的价格一般在 $220\sim680$ 元/m^2(可根据装修的风格和档次进行选择)

选购小常识

①购买时要求商家提供硅藻泥样板,以现场进行吸水率测试,若吸水量又快又多,则产品孔质完好;若吸水率低,则表示孔隙堵塞,或是硅藻土含量偏低。

②购买时请商家以样品点火示范,若冒出气味呛鼻的白烟,则可能是以合成树脂作为硅藻土的固化剂,遇火灾发生时,容易产生毒性气体。

③用手轻触硅藻泥,如有粉末粘附,表示产品表面强度不够坚固,日后使用会有磨损情况产生

表 3-9　艺术涂料的基本特性及参考价格

特点	图片	价格
是一种新型的墙面装饰艺术材料，再加上现代高科技的处理工艺，使产品无毒、环保，同时还具备防水、防尘、阻燃等功能，优质艺术涂料可洗刷，耐摩擦，色彩历久常新		艺术涂料的价格一般在 60 ～ 220 元/m²（可根据装修的风格和档次进行选择）

选购小常识

①质量好的艺术涂料，均由正规生产厂家按配方生产，价格适中；而质量差的涂料，有的在生产中偷工减料，有的甚至是仿冒生产，成本低，销售价格比质量好的艺术涂料便宜得多。

②艺术涂料在经过一段时间的储存后，上面会有一保护胶水溶液。这层保护胶水溶液，一般约占艺术涂料总量的 1/4 左右。质量好的涂料，保护胶水溶液呈无色或微黄色，且较清晰；而质量差的艺术涂料，保护胶水溶液呈混浊状态。

③凡质量好的艺术涂料，在保护胶水溶液的表面，通常没有漂浮物或有极少的彩粒漂浮物；质量差的则有较多的漂浮物

表 3-10　液体壁纸的基本特性及参考价格

特点	图片	价格
一种新型艺术涂料，也称壁纸漆，是集壁纸和乳胶漆特点于一身的环保水性涂料。液体壁纸采用高分子聚合物与进口珠光颜料及多种配套助剂精制而成，无毒无味、绿色环保、有极强的耐水性和耐酸碱性、不褪色、不起皮、不开裂，确保使用 20 年以上		液体壁纸的价格一般在 60～ 200 元/m²（可根据装修的风格和档次进行选择）

选购小常识
①品质好的液体壁纸应有珠光的亮丽色彩及金属折光效果。质量差的液体壁纸仅有折光效果而没有珠光效果,甚至连折光效果都没有,或珠光及金属效果不明显。 ②质量好的液体壁纸一定没有刺激气味或油性气味,有些液体型壁纸有淡淡的香味,但香味属于后期添加的香料,与品质无关。 ③液体壁纸在存放期间不出现沉淀、凝絮、腐坏等现象。 ④将液体壁纸搅拌均匀后,无杂质及微粒,漆质细腻柔滑。液体壁纸质稠密,不应过稀、不应过稠。 ⑤施工模具中,感光膜图案清晰分明,膜面紧密、牢固,丝网空分布均匀,膜绷力均匀、平整

第四章　手把手教你砌筑施工

一、常用砌筑方法的选择

瓦作施工过程中常用的砌筑方法有铺灰砌砖法、坐浆砌砖法、满刀灰刮浆砌筑法和大铲砌砖法等，每种方法的具体操作内容见表 4-1。

表 4-1　常用砌筑方法及操作

名称	主要内容
铺灰砌砖法	①砌墙时，由 3 人组成一个小组，即瓦工师傅 1 人、辅助工 2 人(可由学徒工、力工组成)。 ②开始由瓦工从两端头角拉道麻线，同时辅助工把铺灰器放在墙上，倒进砂浆，推动铺灰器，在墙上均匀地铺成有凸筋的砂浆带，一次铺灰长度为 1~1.2m。 ③学徒工递砖，瓦工用单手或双手挤浆法进行砌筑；使用铺灰器时，铺灰器滑动速度应均匀一致，不宜过快，砂浆稠度要适当，不能过干。 ④一般要求每砌 1 皮或 3~5 皮砖，就要检查一次墙面，如发现问题，应及时纠正

续表

名称	主要内容
坐浆砌砖法	坐浆砌砖法,能使砌体的水平灰缝做到砂浆饱满、厚薄均匀,墙面整洁美观,在南方使用较为普遍。 ①先用左手提起灰桶,或者用灰勺子挖出砂浆倒在已砌好墙皮砖的上面,边倒边往后拖,随即将砂浆分散拉开。 ②左手将与灰缝一样厚度的蜕尺(又称推尺或探尺)靠在墙的上沿边口,右手拿瓦刀或大铲,顺着蜕尺,慢慢移动,把砂浆摊平成一条砂浆带。 ③砂浆带铺的宽度要比墙厚小 16～20mm(每边各小 8～10mm),一次铺灰长度不得超过 1m。 ④若铺得过长,砂浆容易干硬,影响黏结强度;砌砖时,用左手拿起砖,右手用瓦刀在灰桶里挑点砂浆刮到砖的顶头上,再将砖按砌在墙上,摆正放平
满刀灰刮浆砌筑法	该方法所砌的砖墙质量好,砌体整体强度高,但费工费料,工效较低。 ①将砖块底面及砖与砖之间需连接的砖面,用瓦刀(或大铲)抹满砂浆,不留空隙,顶头缝应抹上砂浆。 ②用力把砖按砌在墙上,挤出来的砂浆随手用瓦刀刮起,抹在砖面或填在砖缝里。 ③这种方法宜使用石灰砂浆或混合砂浆等黏性好的灰砂浆,在耐火砖的砌筑中都习惯采用此方法
大铲砌砖法	该方法又叫满铺满挤操作法,它黏结力好,灰浆饱满。此法在北方使用较为普遍。 ①用右手拿大铲,在灰浆桶中挖起一铲砂浆,同时左手取一块砖。 ②用大铲把砂浆铺在墙上,略为推开摊平后,左手接着将砖按砌在砂浆面上,并稍用力挤一点浆到顶头缝里。 ③把砖揉一揉,顺手用大铲把挤出的砂浆刮下,甩到前面立缝中或灰桶中

二、教你如何砌筑砖墙

1. 砂浆的配制

配制砂浆时,一方面根据所需砂浆的强度等级;另一方面还应结合砌体的种类，也就是所用的砌体材料。

在建筑施工中，由于砂浆层较薄，对砂的粒径应有限制。用于砖砌体的砂浆，宜采用中砂拌制（图 4-1），其最大粒径不大于 2.5mm；用于毛石砌体时，砂最大粒径应小于砂浆层厚度的 1/5～1/4；光滑表面的抹灰及勾缝所用的砂浆，宜选用细砂（图 4-2），最大粒径不大于 1.2mm。

图 4-1　中砂

图 4-2　细砂

对于砂浆的稠度，也就是砂浆的流动性，或者是操作性也有要求。当采用的是烧结普通砖时，为 70～90mm；采用烧结多孔砖、空心砖砌体时，为 60～80mm；采用烧结普通砖砌筑空斗墙、平拱式过梁，或采用混凝土小型空心砌块时，砂浆的稠度为 50～70mm；如果为石砌体时，为 30～50mm。

2. 砂浆拌制

在家装瓦作施工中，很多地方都是人工拌制砂浆，拌制出来的砂浆不均匀性和流动性较差，并且劳动强度大，污染严重。为了保障砂浆质量，应该采用机械拌制。

（1）搅拌时间

搅拌时间是砂浆均匀性和流动性的保证条件。如果搅拌时间短，拌合物混合不均匀，砂浆强度难以保证；搅拌时间过长，材料则会产生离析，对流动性则会产生影响。一般情况下，自投料结束的时间算起，搅拌时间应符合下列规定：

① 水泥砂浆和水泥混合砂浆，搅拌时间不得少于 2 分钟；

② 水泥粉煤灰砂浆和掺有外加剂的砂浆不得少于 3 分钟；

③ 掺有有机塑化剂的砂浆，搅拌时间为 4 分钟左右。

（2）拌制方法

① 水泥砂浆可采用人工拌制或机器拌制（图 4-3），应先将砂与水泥干拌均匀，再加水拌和均匀。当采用人工拌制时，水泥应投放在砂堆上，然后用铁锹翻拌四遍，达到颜色一致时（基本上见不到砂颜色）再加水湿拌均匀。

② 拌制混合砂浆时，应先将水泥和砂干拌均匀后，再加入石灰膏和水拌和均匀。当使用的掺和料是生石灰粉或者是粉煤灰时，则同水泥、砂一起干拌均匀，然后加水拌匀。

③ 掺用外加剂时，必须将外加剂按规定的比例或浓度溶解于水中，在拌和水加入时投入外加剂溶液。外加剂不得直接投入拌制的混合物中。

④ 当采用螺旋式砂浆搅拌机时，必须先将各种材料混拌均匀后加水渗透，然后将湿料投入搅拌机中。不得将未混合的材料分别投入

图 4-3　人工拌制不均匀，机器拌制效果更好

螺旋搅拌机。

3. 砖墙砌筑形式

砖墙在砌筑时，要求砌块上下错缝，内外搭接，以保证砌体的整体性。在砖墙砌筑时，通常采用全顺砖、一顺砖一丁砖、梅花丁砖、

三顺砖一丁砖、三七缝等砌筑形式。

（1）全顺砌法

全顺砖砌法又称条砌法，即每皮砖全部用顺砖砌筑而成，且上下皮间的竖缝相互错开 1/2 砖的长度，仅适合于半砖墙（120mm）的砌筑。

（2）一顺一丁砌法

一顺一丁砌法又称为满条砌法，即一皮全部顺砖与一皮全部丁砖相间隔砌筑的方法，上下皮间的竖缝均应相互错开 1/4 砖的长度，是常见的一种砌砖方法，如图 4-4 所示。

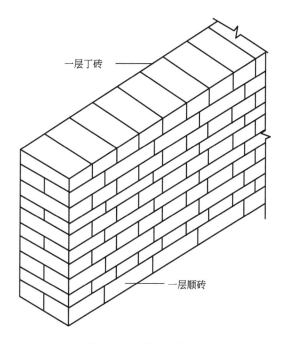

图 4-4　一顺一丁砌法

一顺一丁砌法按砖缝形式的不同分为"十字缝"和"骑马缝"。十字缝的构造特点是上下层的顺向砖对齐，如图 4-5 所示。骑马缝的构造特点是上下层的顺向砖相互错开半砖，如图 4-6 所示。

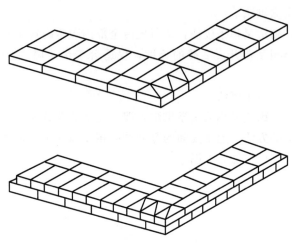

图 4-5 十字缝砌筑常见形式

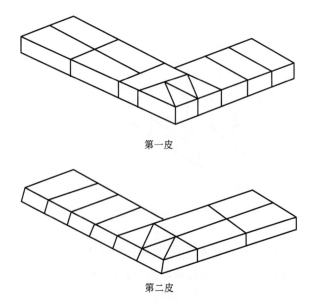

第一皮

第二皮

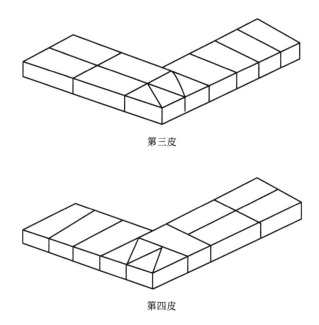

第三皮

第四皮

图 4-6 骑马缝砌筑常见形式

（3）梅花丁砌法

梅花丁砌法是一面墙的每一皮中均采用丁砖与顺砖左右间隔的砌筑。上下相邻层间上皮丁砖坐中于下皮顺砖，上下皮间竖缝相互错开1/4 砖长，如图 4-7 所示。梅花丁砌法是常用的一种砌筑方法，并且最适于砌筑一砖墙或一砖半墙。当砖的规格偏差较大时，采用梅花丁砌法可保证墙面的整齐性。

（4）三顺一丁砌法

三顺一丁砌法是一面墙的连续三皮中全部采用顺砖与另一皮全为丁砖上下相间隔的砌筑方法，上下相邻两皮顺砖竖缝错开1/2 砖长，顺砖与丁砖间竖缝错开1/4 砖长，如图 4-8 所示。

（5）三七缝砌法

三七缝的砖墙砌筑，是每皮砖内排 3 块顺砖后再排 1 块丁砖。在每皮砖内部就有 1 块丁砖拉结，且丁砖只占 1/7，如图 4-9 所示。

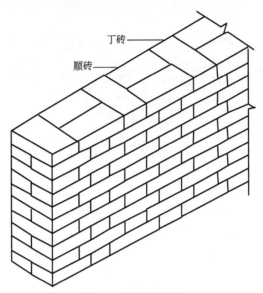

图 4-7 梅花丁砌法

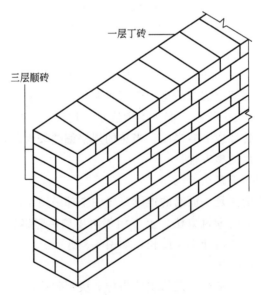

图 4-8 三顺一丁砌法

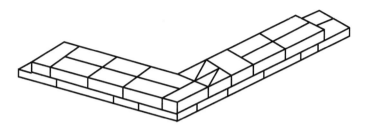

图 4-9 三七缝砌法

4. 砖墙砌筑施工操作

（1）砌筑流程

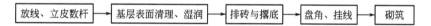

放线、立皮数杆 → 基层表面清理、湿润 → 排砖与撂底 → 盘角、挂线 → 砌筑

砌筑砖墙施工步骤的具体内容见表 4-2。

表 4-2　砌筑砖墙步骤及内容

步骤	内　　容
放线、立皮数杆	砌筑以前以引桩标记的轴线为准，弹出墙身轴线、边线，并定出门洞口方位。在垫层转角处、交接处及高低处立好基础皮数杆。皮数杆要进行抄平，使杆上所示标高与设计标高一致
基层表面清理、湿润	砖基础砌筑前，提前 1～2 天浇水湿润，不得随浇随砌。对烧结普通砖、多孔砖含水率宜为 10％～15％；对灰砂砖、粉煤灰砖含水率宜为 8％～12％。现场检验砖含水率的简易方法采用断砖法，当砖截面四周融水深度为 15～20mm 时，视为符合要求的适宜含水率

续表

步骤	内　容
排砖与撂底	一般外墙第一层砖撂底时,两山墙排丁砖,前后檐纵墙排条砖。根据弹好的门窗洞口位置线,认真核对窗间墙、垛尺寸及位置是否符合排砖模数,如不符合模数时,可在征得设计同意的条件下将门窗的位置左右移动,使之符合排砖的要求。若有破活,七分头或丁砖应排在窗口中间、附墙垛或其他不明显的部位。移动门窗口位置时,应注意给排水立管安装及门窗开启时不受影响。另外,排砖还要考虑在门窗口上边的砖墙合拢时也不串线破活
盘角、挂线	①盘角。砌砖前应先盘角,每次盘角不要超过五层。新盘的大角,及时进行吊、靠。如有偏差要及时修整。盘角时要仔细对照皮数杆的砖层和标高,控制好灰缝大小,使水平灰缝均匀一致。大角盘好后再复查一次,平整度和垂直度完全符合要求后,再挂线砌墙。 　　②挂线。砌筑一砖半墙必须双面挂线,如果砌长墙时几个人均使用一根通线,中间应设几个小支点,小线要拉紧,每层砖都要穿线看平,使水平缝均匀一致,平直通顺;砌一砖厚混水墙时宜采用外手挂线
砌筑	①砖墙的转角处,每皮砖的外角应加砌七分头砖。当采用一顺一丁砌筑形式时,七分头砖的顺面方向依次砌顺砖,丁面方向依次砌丁砖,见图4-10。 　　②砖墙的丁字交接处,横墙的端头皮加砌七分头砖,纵横隔皮砌通。当采用一顺一丁砌筑形式时,七分头砖丁面方向依次砌丁砖,见图4-11。 　　③砖墙的十字交接处,应隔皮纵横墙砌通,交接处内角的竖缝应上下相互错开1/4砖长,见图4-12。 　　④宽度小于1m的窗间墙,应选用整砖砌筑,半砖和破损的砖应分散使用在受力较小的砖墙,小于1/4块体积的碎砖不能使用。 　　⑤当采用铺浆法砌筑时,铺浆长度不得超过750mm;施工期间气温超过30℃时,铺浆长度不得超过500mm

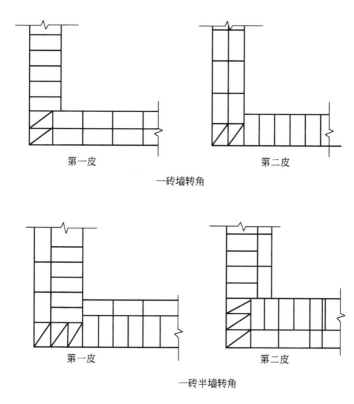

第一皮　　　　　　　第二皮

一砖墙转角

第一皮　　　　　　　第二皮

一砖半墙转角

图 4-10　一顺一丁转角砌法

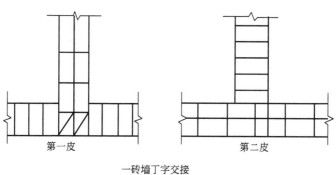

第一皮　　　　　　　第二皮

一砖墙丁字交接

图 4-11

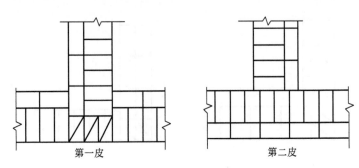

第一皮 第二皮

一砖半墙丁字交接

图 4-11 一顺一丁的丁字交接处砌法

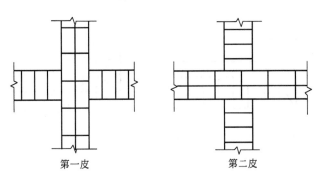

第一皮 第二皮

一砖墙十字交接

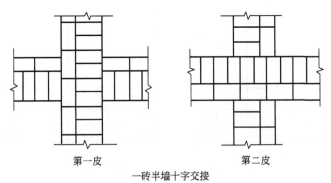

第一皮 第二皮

一砖半墙十字交接

图 4-12 一顺一丁的十字交接处砌法

（2）砖柱和砖垛施工

砖柱（图 4-13）和砖垛（图 4-14）在农村的房屋建筑中广泛应用。如果砖柱承受的荷载较大时，可在水平灰缝中配置钢筋网片，或采用配筋结合柱体，在柱顶端做混凝土垫块，使集中荷载均匀地传递到砖柱断面上。

图 4-13　砖柱

图 4-14　组合砖垛

① 砌筑前应在柱的位置近旁立皮数杆。成排同断面的砖柱，可仅在两端的砖柱近旁立皮数杆。

② 砖柱的各皮高低按皮数杆上皮数线砌筑。成排砖柱，可先砌两端的砖柱，然后逐皮拉通线，依通线砌筑中间部分的砖柱。

③ 柱面上下皮竖缝应相互错开 1/4 砖长以上，柱心无通缝。严禁采用包心砌法，即先砌四周后填心的砌法，如图 4-15 所示。

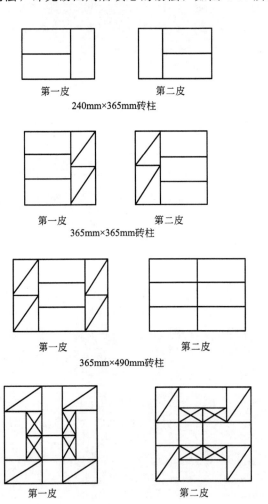

第一皮   第二皮

240mm×365mm砖柱

第一皮   第二皮

365mm×365mm砖柱

第一皮   第二皮

365mm×490mm砖柱

第一皮   第二皮

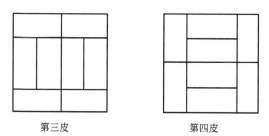

第三皮　　　　　　　　　　第四皮

490mm×490mm砖柱

图 4-15　矩形砖柱砌法

④ 砖垛砌筑时，墙与垛应同时砌筑，不能先砌墙后砌垛或先砌
垛后砌墙，其他砌筑要点与砖墙、砖柱相同。图 4-16 所示为一砖墙

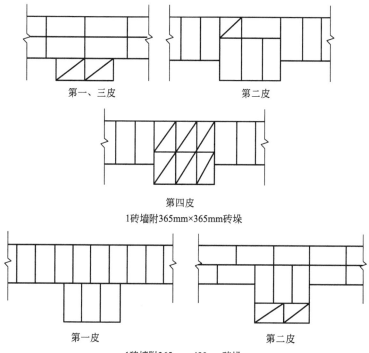

第一、三皮　　　　　　　　　　第二皮

第四皮

1砖墙附365mm×365mm砖垛

第一皮　　　　　　　　　　第二皮

1砖墙附365mm×490mm砖垛

图 4-16

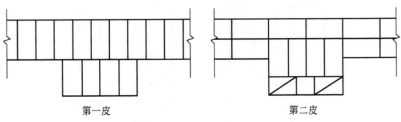

第一皮 · 第二皮

1砖墙附490mm×490mm砖垛

图 4-16　一砖墙附砖垛分皮砌法

附有不同尺寸砖垛的分皮砌法。

⑤ 砖垛应隔皮与砖墙搭砌，搭砌长度应不小于 1/4 砖长，砖垛外表上下皮垂直灰缝应相互错开 1/2 砖长。

（3）墙砖留槎

在家庭瓦作施工中，在很多情况下，房屋中的所有墙体不可能同时同步砌筑。这样，就会产生如何接着施工的问题，即留槎的问题。常用的留槎方式有斜槎、直槎和马牙槎。

根据技术规定和防震要求，留槎必须符合下述要求。

① 砖墙的交接处不能同时砌筑时，应砌成斜槎，俗称"踏步槎"，斜槎的长度不应小于高度的 2/3，如图 4-17 所示。

② 必须留置的临时间断处不能留斜槎时，除转角处外，可留直槎，但直槎必须做成凸槎，并应加设拉结钢筋。拉结钢筋的数量为每120mm 墙厚放置 1 根直径为 6mm 的钢筋，间距沿墙高不得超过500mm。钢筋埋入的长度从墙的留槎处算起，每边均不应小于1000mm，末端应有 90°弯钩，如图 4-18 所示。

当隔墙与墙或柱之间不能同时砌筑而又不能留成斜槎时，可于墙或柱中引出凸槎，或从墙或柱中伸出预埋的拉结钢筋。

砌体接槎时，接槎处的表面必须清理干净，浇水湿润，并应填实砂浆，保持灰缝平直。

对于设有钢筋混凝土构造柱的砖混结构，应先绑扎构造柱钢筋，然后砌砖墙，最后浇筑混凝土。墙与高度方向每隔 500mm 设置一道

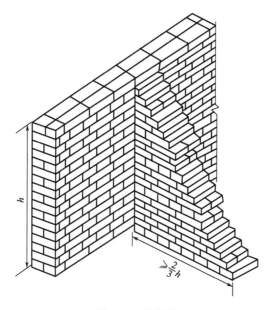

图 4-17　留斜槎

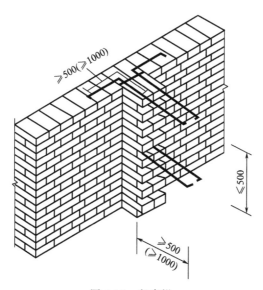

图 4-18　留直槎

2 根直径为 6mm 的拉结筋，每边伸入墙内的长度不应小于 1000mm。构造柱应与圈梁、地梁连接。与柱连接处的砖墙应砌成马牙槎。每个马牙槎沿高度方向的尺寸不应超过 300mm，并且马牙槎上口的砖应砍成斜面。马牙槎从每层柱脚开始应先进后退，进退相差 1/4 砖，如图 4-19 所示。

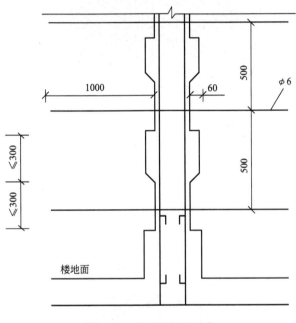

图 4-19　马牙槎留置示意

5. 小型空心砌块砌筑施工

随着人们环境保护意识的不断加强，原有实心黏土砖的使用所受到的限制也越来越多，在不少地区都是用小型空心砌块来代替实心黏土砖。

（1）空心砌块砌筑时注意事项

① 所用的小砌块的产品龄期不应小于 28 天。

② 砌筑小砌块时，应清除表面污物，剔除外观质量不合格的小

砌块。

③ 施工时所用的砂浆，宜选用专用的砌筑砂浆。

④ 底层室内地面以下或防潮层以下的砌体，应采用强度等级不低于 C20 的混凝土灌实小砌块的孔洞。

⑤ 小砌块砌筑时，在天气干燥炎热的情况下，可提前洒水湿润小砌块；对轻骨料混凝土小砌块，可提前浇水湿润。小砌块表面有浮水时，不得施工。

⑥ 承重墙体严禁使用断裂小砌块或壁肋中有竖向凹形裂缝的小砌块。

⑦ 小砌块墙体应对孔错缝搭砌，搭接长度不应小于 90mm。墙体的个别部位不能满足上述要求时，应在灰缝中设置拉结钢筋或钢筋网片，但竖向通缝仍不能超过两皮小砌块。

⑧ 小砌块应底面朝上反砌于墙上。

⑨ 需要移动砌体中的小砌块或小砌块被撞动时，应重新铺砌。

⑩ 承重墙体不得采用小砌块与黏土砖等其他块体材料混合砌筑。

⑪ 常温条件下，小砌块墙体的日砌筑高度，宜控制在 1.5m 或一步脚手架高度内。

（2）砌筑施工

砌筑主要施工步骤如下。

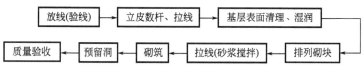

① 定位放线　砌筑前应在基础面或楼面上定出各层的轴线位置和标高，并用 1：2 的水泥砂浆或 C15 细石混凝土找平。

② 立皮数杆、拉线　在房屋四角或楼梯间转角处设立皮数杆，皮数杆间距不得超过 15m。根据砌块高度和灰缝厚度计算皮数杆和排数，皮数杆上应画出各皮小砌块的高度及灰缝厚度。在皮数杆上相对小砌块上边线之间拉准线，小砌块依准线砌筑。

③ 拌制砂浆　砂浆宜采用机械搅拌，搅拌加料顺序和时间：先加砂、掺合料和水泥干拌 1 分钟，再加水湿拌，总的搅拌时间不得少于 4 分钟。若加外加剂，则在湿拌 1 分钟后加入。

④ 砌筑

a.砌筑一般采用"披灰挤浆",先用瓦刀在砌块底面的周肋上满披灰浆,铺灰长度不得超过800mm,再在待砌的砌块端头满披头灰,然后双手搬运砌块,进行挤浆砌筑。

b.上下皮砌块应对孔错缝搭砌,不能满足要求时,灰缝中设置2根直径为6mm的钢筋;采用钢筋网片时,网片可采用直径为4mm的钢筋焊接而成。拉结钢筋和钢筋网片每端均应超过该垂直灰缝,其长度不得小于300mm,如图4-20所示。

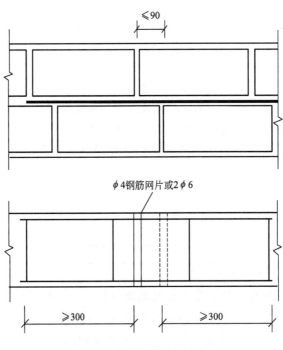

图4-20 拉结钢筋或网片设置

c.砌筑应尽量采用主规格砌块(T字交接处和十字交接处等部位除外),用反砌法砌筑,从转角或定位处开始向一侧进行,内外墙同时砌筑,纵横墙交错搭接。外墙转角处应使小砌块隔皮露端面,见图4-21。

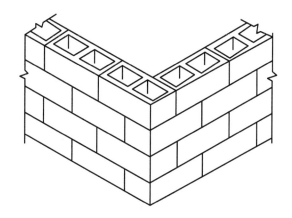

图 4-21　空心砌块墙转角砌法

　　d. 空心砌块墙的 T 字交接处，应隔皮使横墙砌块端面露头。当该处无芯柱时，应在纵墙上交接处砌两块一孔半和辅助规格砌块，隔皮砌在横墙露头砌块下，其半孔应位于中间［图 4-22(a)］。当该处有芯柱时，应在纵墙上交接处砌一块三孔大规格砌块，砌块的中间孔正对横墙露头砌块靠外的孔洞［图 4-22(b)］。

　　e. 所有露端面用水泥砂浆抹平。

　　f. 空心砌块墙的十字交接处，当该处无芯柱时，在交接处应砌一孔半砌块，隔皮相互垂直相交，其半孔应在中间。当该处有芯柱时，在交接处应砌三孔砌块，隔皮相互垂直相交，中间孔相互对正。

　　g. 墙体转角处和纵横墙交接处应同时砌筑。临时间断处应砌成斜槎，斜槎水平投影长度不应小于高度的 2/3。如留斜槎有困难，除外墙转角处及抗震设防地区，墙体临时间断处不应留直槎外，临时间断可从墙面伸出 200mm 砌成直槎，并沿墙每隔三皮砖（600mm）在水平灰缝设 2 根直径为 6mm 的拉接筋或钢筋网片；拉结筋埋入长度，从留槎处算起，每边均不应小于 600mm，钢筋外露部分不得任意弯折，如图 4-23 所示。

　　h. 空心砌块墙临时洞口的处理：作为施工通道的临时洞口，其

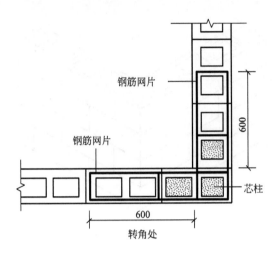

(a) 无芯柱

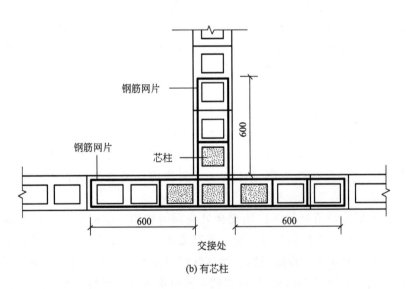

(b) 有芯柱

图 4-22　混凝土空心砌块墙 T 字交接处

侧边离交接处的墙面不应小于 600mm，并在顶部设过梁。填砌临时洞口的砌筑砂浆强度等级宜提高一级。

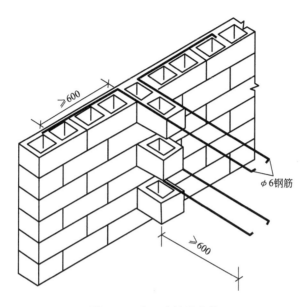

图 4-23 空心砌块墙直槎

i. 脚手眼设置及处理：砌体内不宜设脚手眼，如必须设置时，可用 190mm×190mm×190mm 小砌块侧砌，利用其孔洞作脚手眼，砌体完工后用 C15 混凝土填实。

三、教你如何砌筑毛石墙

1. 毛石砌体砌筑注意问题

① 毛石砌体采用的石材应质地坚实，无风化剥落和裂纹。用于清水墙、柱表面的石材，尚应色泽均匀。

② 石材表面的泥垢、水锈等杂质，砌筑前应清除干净。

③ 毛石砌体的灰缝厚度：毛料石和粗料石砌体不宜大于 20mm；细料石砌体不宜大于 5mm。

④ 砂浆初凝后，如移动已砌筑的石块，应将原砂浆清理干净，

重新铺浆砌筑。

⑤ 砌筑毛石基础的第一皮石块应坐浆，并将大面向下；砌筑料石基础的第一皮石块应用丁砌层坐浆砌筑。

⑥ 毛石砌体的第一皮及转角处、交接处和洞口处，应用较大的平毛石砌筑。每个楼层（包括基础）砌体的最上一皮，宜选用较大的毛石砌筑。

⑦ 料石挡土墙，当中间部分用毛石砌时，丁砌料石伸入毛石部分的长度不应小于 200mm。

⑧ 石砌体每天砌筑高度不宜超过 1.2m。

2. 石料质量检查

石材的质量、性能应符合下列要求。

① 毛石应呈块状，中部厚度不宜大于 150mm，其尺寸高宽一般在 200～300mm，长在 300～400mm 之间为宜。石材表面洁净，无水锈、泥垢等杂质。

② 料石可按其加工平整度分为细料石、半细料石、粗料石和毛料石四种。料石各面的加工要求，应符合表 4-3 的规定。

表 4-3　料石各面的加工要求

料石种类	外露面及相接周边的表面凹入深度/mm	叠砌面和接砌面的表面凹入深度/mm
细料石	≤2	≤10
半细料石	≤10	≤15
粗料石	≤20	≤20
毛料石	稍加修整	≤25

注：1. 相接周边的表面系指叠砌面、接砌面与外露面相接处 20～30mm 范围内的部分。

2. 如设计对外露面有特殊要求，应按设计要求加工。

③ 各种砌筑用料石的宽度、厚度均不宜小于 200mm，长度不宜大于厚度的 4 倍。料石加工的允许偏差应符合表 4-4 的规定。

表 4-4　料石加工的允许偏差

料石种类	允许偏差/mm	
	宽度、厚度	长度
细料石、半细料石	±3	±5
粗料石	±5	±7
毛料石	±10	±15

3. 石砌体砌筑施工

石砌体砌筑主要施工步骤：立皮数杆、放线→基层清理→石料试排、摆底→砌筑（砂浆拌制）→检查、验收。

（1）毛石墙

毛石墙的砌筑与前面所述毛石基础存在很多相似之处，这里主要说一下在施工中还需要控制的其他要点。

① 砌毛石墙应双面拉准线。第一皮按墙边线砌筑，以上各皮按准线砌筑。

② 毛石墙应分皮卧砌，各皮石块间应利用自然形状，经敲打修整使能与先砌石块基本吻合、搭砌紧密、上下错缝、内外搭砌，不得采用外面侧立石块，中间填心的砌筑方法，中间不得有铲口石（尖石倾斜向外的石块）、斧刃石（下尖上宽的三角形石块）和过桥石（仅在两端搭砌的石块）。

③ 毛石墙必须设置拉结石，拉结石应均匀分布，相互错开，一般每 $0.7m^2$ 墙面至少设置一块，且同皮内的中距不大于 2m。拉结石长度：墙厚等于或小于 400mm，应与墙厚度相等；墙厚大于 400mm，可用两块拉结石内外搭接，搭接长度不应小于 150mm，且其中一块长度不应小于墙厚的 2/3。

④ 在毛石墙和普通砖的组合墙中，毛石与砖应同时砌筑，并每隔 5～6 皮砖用 2～3 皮丁砖与毛石拉结砌合，砌合长度应不小于

120mm，两种材料间的空隙应用砂浆填满，如图 4-24 所示。

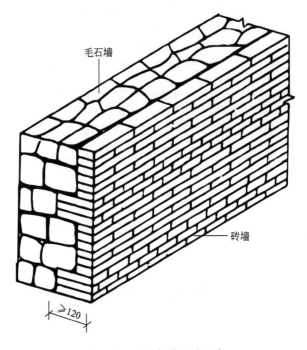

毛石墙

砖墙

≥120

图 4-24　毛石与普通砖组合

⑤ 毛石墙与砖墙相接的转角处应同时砌筑。砖墙与毛石墙在转角处相接，可从砖墙每隔 4～6 皮砖高度砌出不小于 120mm 长的阳槎与毛石墙相接，如图 4-25 所示。亦可从毛石墙每隔 4～6 皮砖高度砌出不小于 120mm 长的阳槎与砖墙相接，如图 4-26 所示。阳槎均应深入相接墙体的长度方向。

（2）料石墙

料石墙的砌筑与毛石墙在不少地方都是相同的，这里主要说一下在施工中还需要控制的其他要点。

① 料石墙砌筑形式有二顺一丁、丁顺组砌和全顺叠砌。二顺一丁是两皮顺石与一皮丁石相间，宜用于墙厚等于两块料石宽度时；丁顺组砌是同皮内每 1～3 块顺石与一块丁石相隔砌筑，丁石中距不大

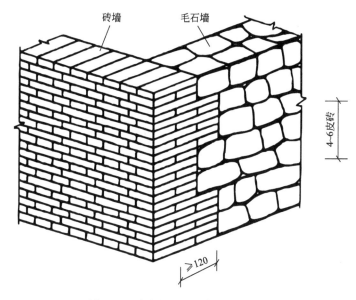

图 4-25 砖墙砌出阳槎与毛石墙相接

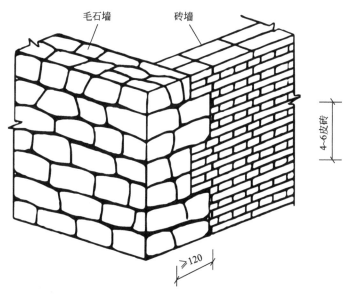

图 4-26 毛石墙砌出阳槎与砖墙相接

于 2m，上皮丁石坐中于下皮顺石，上下皮竖缝相互错开至少 1/2 石宽，宜用于墙厚等于或大于两块料石宽度时；全顺是每皮均匀为顺砌石，上下皮错缝相互错开 1/2 石长，宜用于墙厚等于石宽时，如图 4-27

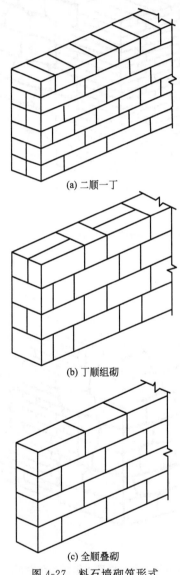

(a) 二顺一丁

(b) 丁顺组砌

(c) 全顺叠砌

图 4-27　料石墙砌筑形式

所示。

②砌料石墙面应双面挂线（除全顺砌筑形式外），第一皮可按所放墙边线砌筑，以上各皮均按准线砌筑，可先砌转角处和交接处，后砌中间部分。

③料石可与毛石或砖砌成组合墙。料石与毛石的组合墙，料石在外，毛石在里；料石与砖的组合墙，料石在里，砖在外，也可料石在外，砖在里。

④砌筑时，砂浆铺设厚度应略高于规定灰缝厚度，其高出厚度：细料石、半细料石宜为3～5mm；粗料石、毛料石宜为6～8mm。

⑤在料石和毛石或砖的组合墙中，料石和毛石或砖应同时砌起，并每隔2～3皮料石用丁砌石与毛石或砖拉结砌合，丁砌料石的长度宜与组合墙厚度相同。

⑥料石墙的转角处及交接处应同时砌筑，如不能同时砌筑，应留置斜槎。

（3）料石柱

①料石柱有整石柱和组砌柱两种。整石柱每一皮料石是整块的，只有水平灰缝，无竖向灰缝；组砌柱每皮由几块料石组砌，上下皮竖缝相互错开。

②料石柱砌筑前，应在柱座面上弹出柱身边线，在柱座侧面弹出柱身中心。

③砌整石柱时，应将石块的叠砌面清理干净。先在柱座面上抹一层水泥砂浆，厚约10mm，再将石块对准中心线砌上，以后各皮石块砌筑应先铺好砂浆，对准中心线，将石块砌上。石块如有竖向偏移，可用铜片或铝片在灰缝边缘内垫平。

④砌组砌柱时，应按规定的组砌形式逐皮砌筑，上下皮竖缝相互错开，无通天缝，不得使用垫片。

⑤砌筑料石柱，应随时用线坠检查整个柱身的垂直度，如有偏斜应拆除重砌，不得用敲击方法去纠正。

（4）石墙面勾缝

①石墙面勾缝前，拆除墙面或柱面上临时装设的缆风绳、挂钩等物。清除墙面或柱面上黏结的砂浆、泥浆、杂物和污渍等。

② 剔缝：将灰缝刮深 10～20mm，不整齐处加以修整。用水喷洒墙面或柱面，使其湿润，随后进行勾缝。

③ 勾缝砂浆宜用 1：1.5 的水泥砂浆。

④ 勾缝线条应顺石缝进行，且均匀一致，深浅及厚度相同，压实抹光，搭接平整。阳角勾缝要两面方正，阴角勾缝不能上下直通。勾缝不得有丢缝、开裂或黏结不牢的现象。

⑤ 勾缝完毕，应清扫墙面或柱面，早期应洒水养护。

第五章　手把手教你防水抹灰施工

一、教你如何进行卫生间防水抹灰施工

1. 卫生间防水抹灰施工基本步骤

卫生间防水抹灰施工基本步骤如下。

基层处理 → 刷防水剂 → 抹水泥砂浆 → 压光养护 → 做防水试验

2. 卫生间防水抹灰操作详解

（1）基层处理（图 5-1）

先用塑料袋之类的东西把排污管口包起来，扎紧，以防堵塞。将原有地面上的混凝土浮浆、砂浆落地灰等杂物清理干净，特别是卫生间墙地面之间的接缝以及上下水管与地面的接缝处等最容易出现问题的部位一定要清扫干净。房间中的后埋管可以在穿楼板部位按规范设置防水环，以加大防水砂浆与上下水管道表面的接触面积，加强防水层的抗渗效果。同时检查原有基层的平整度，保证防水砂浆的最薄处不小于20mm，以避免防水砂浆因太薄开裂造成渗透，影响防水效果。施工前在基面上用净水浆扫浆一遍，特别是卫生间墙地面之间的接缝以及上下水管道与地面的接缝处要扫浆到位。

小贴士

①防水层施工的高度：建议卫生间墙面做到顶，地面满刷；厨房墙面1m 高，最好到顶，地面满刷。

②住宅楼卫生间地面通常比室内地面低2～3cm，坐便器给排水管均穿过卫生间楼板，为了给水管维修方便，给水管须安装套管。

③造成地面渗水的原因大致为：混凝土基层不密实，墙面及立管四周黏结不紧密，材质问题造成的地面开裂，混凝土养护不好造成的收缩裂缝及坐便器与冲水管连接处出现的缝隙

图5-1 卫生间地面基层处理

（2）刷防水剂（图5-2）

使用防水胶先刷墙面、地面，干透后再刷一遍。然后再检查一下防水层是否存在微孔，如果有应及时补好。第二遍刷完后，在其没有

完全干透前，在表面再轻轻刷上一两层薄薄的纯水泥层。

第一次和第二次防水剂的涂刷方向应交叉进行。应特别注意界面交界处、管道根部等位置

图 5-2　刷防水剂

　　淋浴区范围的界定为喷头 1.2m 范围内，墙面防水高度不小于 1.80m，非淋浴区墙面防水高度不小于 0.30m（图 5-3）；防水层横竖

图 5-3　淋浴区防水剂涂刷

向界面清晰，收头平齐；卫浴间墙面防水应做到窗户洞口侧边至窗框处（图 5-4）；卫浴间门口处防水应施工至门口外侧（图 5-5）。

图 5-4　窗口防水剂涂刷

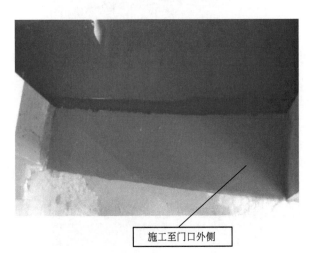

施工至门口外侧

图 5-5　卫生间门口防水剂涂刷

（3）抹水泥砂浆

卫生间离地 300mm 高的区域与地面的防水层要一次性施工完成，不能留有施工缝（图 5-6），在卫生间墙地面之间的接缝以及上下水管与地面的接缝处要加设密目钢丝网，上下搭接不少于 150mm（水管处以防水层的宽度为准），压实并做成半径为 25mm 的弧形，加强该薄弱处的抗裂及防水能力（图 5-7、图 5-8）。

墙面和地面的防水层应一次性施工完成，不得留有施工缝

图 5-6 卫生间抹水泥砂浆操作（一）

墙地面之间接缝的处理

图 5-7 卫生间抹水泥砂浆操作（二）

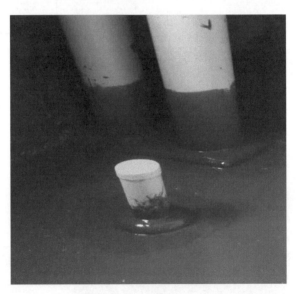

图 5-8　管道根部的处理

（4）压光养护（图 5-9）

在已完成的防水基面上压光平实，并在砂浆硬化后浇水养护。

养护时间不少于3天

图 5-9　压光养护

（5）做防水试验（图 5-10）

待防水层干透后用水泥砂浆做好一个泥门槛，然后在防水地区蓄水进行测试，蓄水高 1～2cm 即可，时间为 24 小时，以没有发现下层顶面渗水为合格。

3. 卫生间防水抹灰施工质量验收

卫生间防水抹灰施工应符合下列要求。

① 基层表面应平整，不得有松动、空鼓、起砂、开裂等缺陷，防水层厚度不少于 1.5mm，且保证不露底。

② 从地面往上延伸不低于 250mm，浴室墙不低于 1800mm。

③ 与房间中其他管件、地漏等缝隙严密收头圆滑不渗漏。

④ 防水层表面平整、均匀。

⑤ 墙面与地面交接处的阴阳角应该做成圆弧形。

⑥ 门槛石处的防水应该做到位。

小贴士

　　在防水工程做完后，封好门口及下水口，在卫生间地面蓄满水达到一定液面高度，并做上记号，24小时内液面若无明显下降即为合格。尤其是在楼上的卫生间，一定要查看楼下有没有发生渗漏。如验收不合格，防水工程必须整体重做后，重新进行验收。千万别忽视这一环节，好多工人根本不重新做防水，都是打完玻璃胶完事，这样一旦事后漏水，再补救就来不及了，所以，防水试验一定要做。在确认无渗漏点后，再铺设地砖

图 5-10　卫生间进行防水试验

二、教你如何进行厨房防水抹灰施工

1. 厨房防水抹灰施工基本步骤

厨房防水抹灰施工基本步骤如下。

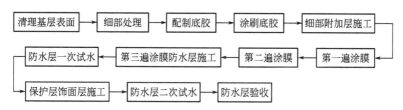

2. 厨房防水抹灰操作详解

① 防水层施工前，应将基层表面的尘土等杂物清除干净，并用干净的湿布擦一次。

② 涂刷防水层的基层表面，不得有凸凹不平、松动、空鼓、起砂、开裂等缺陷（图 5-11）。

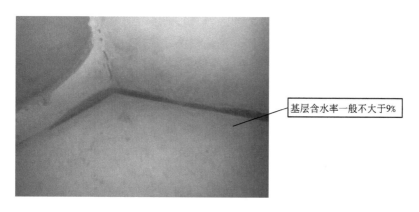

基层含水率一般不大于9%

图 5-11 基层

③ 涂刷底胶（相当于冷底子油）。

a.配制底胶，先将聚氨酯甲料、乙料加入二甲苯，比例为 1∶1.5∶2（质量比）配合搅拌均匀，配制量应视具体情况定，不宜过多。

b.涂刷底胶，将按上法配制好的底胶混合料，用长把滚刷均匀涂刷在基层表面，涂刷量为 0.15～0.2kg/m²，涂后常温季节 4 小时以后，手感不黏时，即可做下一道工序。

④ 涂膜防水层施工（图 5-12）：聚氨酯防水材料为聚氨酯甲料、聚氨酯乙料和二甲苯，配比为 1∶1.5∶0.2（质量比）。在施工中涂膜防水材料，其配合比计量要准确，必须用电动搅拌机进行强力搅拌。

⑤ 防水层细部施工（图 5-13）：地面的地漏、管根、出水口，卫生洁具等根部（边沿），阴阳角等部位，应在大面积涂刷前，先做一布二油防水附加层，两侧各压交界缝 200mm。涂刷防水材料的具体要求是，在常温 4 小时表面干后，再刷第二道涂膜防水材料，24 小时实干后，即可进行大面积涂膜防水层施工。

⑥ 第一道涂膜防水层：将已配好的聚氨酯涂膜防水材料，用塑料或橡皮刮板均匀涂刮在已涂好底胶的基层表面，每平方米用量为 0.8kg，不得有漏刷和鼓泡等缺陷，24 小时固化后，可进行第二道涂层的施工。

⑦ 第二道涂层：在已固化的涂层上，采用与第一道涂层相互垂直的方向将防水涂料均匀涂刷在涂层表面，涂刮量与第一道相同，不得有漏刷和鼓泡等缺陷。

⑧ 24 小时固化后，再按上述配方和方法涂刮第三道涂膜，涂刮量以 0.4～0.5kg/m² 为宜。三道涂膜厚度为 1.5mm。

除上述涂刷方法外，也可采用长把滚刷分层进行相互垂直的方向分四次涂刷。如条件允许，也可采用喷涂的方法，但要掌握好厚度和均匀度。细部不易喷涂的部位，应在实干后进行补刷。

⑨ 进行第一次试水，遇有渗漏应进行补修，至不出现渗漏为止。

⑩ 防水层施工完成后，经过 24 小时以上的蓄水试验（图 5-14），未发现渗水漏水为合格。

①首先要用水泥砂浆将地面做平(特别是重新做装修的房子)，然后再做防水处理。这样可以避免防水涂料因薄厚不均或刺穿防水卷材而造成渗漏。

②防水层空鼓一般发生在找平层与涂膜防水层之间和接缝处，原因是基层含水量过大，使涂膜空鼓，形成气泡

图 5-12　厨房涂膜防水层施工

小贴士

①防水层渗漏水，多发生在穿过楼板的管根、地漏、卫生洁具及阴阳角等部位，原因是管根、地漏等部件松动、黏结不牢、涂刷不严密或防水层局部损坏，部件接槎封口处搭接长度不够等。所以这些部位一定要格外注意，处理一定要细致，不能有丝毫的马虎。

②涂膜防水层涂刷24小时未固化仍有粘黏现象，涂刷第二道涂料有困难时，可先涂一层滑石粉，在上人操作时，可不粘脚，且不会影响涂膜质量

图 5-13　防水层细部施工

图 5-14　厨房进行蓄水试验

3. 厨房防水抹灰施工质量验收

厨房防水抹灰施工应符合下列要求。

① 聚氨酯涂膜防水层的基层应牢固、表面洁净、平整，阴阳角处呈圆弧形或钝角。

② 聚氨酯底胶、聚氨酯涂膜附加层，其涂刷方法、搭接、收头应符合规定，并应黏结牢固、紧密，接缝封严，无损伤、空鼓等缺陷。

③ 聚氨酯涂膜防水层应涂刷均匀，保护层和防水层黏结牢固，不得有损伤，厚度不匀等缺陷（图 5-15）。

图 5-15　最终效果

三、教你如何进行阳台防水抹灰施工

1. 阳台防水抹灰施工基本步骤

阳台防水抹灰施工基本步骤如下。

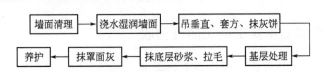

| 墙面清理 | → | 浇水湿润墙面 | → | 吊垂直、套方、抹灰饼 |

| 养护 | ← | 抹罩面灰 | ← | 抹底层砂浆、拉毛 | ← | 基层处理 |

2. 阳台防水抹灰操作详解

① 墙面清理如图 5-16 所示。

　　墙面清理时可先将表面清扫干净，用10%的火碱水除去混凝土表面的污垢后，将碱液冲洗干净后晒干

图 5-16　阳台墙面清理

　　② 吊垂直、套方找规矩：分别在门窗口角、垛、墙面等处吊钢丝线，套方抹灰饼，并按灰饼冲筋。

　　③ 基层处理如图 5-17 所示。

处理时，可采用扫把甩上一层胶水比为1∶4的建筑素水泥浆一遍

图 5-17　阳台墙面基层处理

④ 抹底层灰见图 5-18。

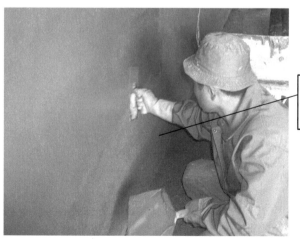

底层抹15mm厚1∶3水泥砂浆，木抹子压平并用扫把扫毛

图 5-18　抹底层灰

⑤ 抹面层灰见图 5-19。

面层抹5mm厚1∶2水泥砂浆，并用杠横竖刮平，木抹子搓毛，铁抹子溜光压实

图 5-19 抹面层灰

⑥ 养护（图 5-20）：水泥砂浆抹完，喷水养护 7 天即可。

图 5-20 喷水养护

3. 阳台防水抹灰施工质量验收

阳台防水抹灰施工质量验收应符合如下标准。

① 阳台需要抹灰的构造一般大致有阳台地面、底面、挑梁、牛腿、台口梁、扶手、栏板、栏杆等。

② 阳台抹灰要求一幢建筑物上下成垂直线，左右成水平线，进出一致、细部划一、颜色一致。

③ 阳台抹灰找规矩方法：由最上层阳台突出阳角及靠墙阴角往下挂垂线，找出上下各层阳台进出误差及左右垂直误差，以大多数阳台进出及左右边线为依据，误差小的，可以上下左右顺一下，误差太大的，要进行必要的结构修整。

④ 阳台抹灰时要注意排水坡度方向应顺向阳台两侧的排水孔，不能"倒流水"。另外阳台地面与砖墙交接处的阴角用阴角抹子压实再抹成圆弧形，以利排水，防止使下层住户室内墙壁潮湿。

⑤ 阳台的扶手抹法基本与压顶一样，但一定要压光，达到光滑平整。栏板内外抹灰基本与外墙抹灰相同。阳台挑梁和阳台梁，也要按规矩抹灰，要求高低进出整齐一致，棱角清晰。

第六章　手把手教你装饰抹灰施工

06 Chapter

一、抹灰工程概述

1. 抹灰工程概述

抹灰工程（图 6-1）是指用水泥、石灰、石膏、砂（或石粒）及其砂浆，涂抹在建筑物的墙、顶、地、柱等表面上，直接做成饰面层的装饰工程，称为"抹灰工程"，又称"抹灰饰面工程"或"抹灰罩面工程"，简称"抹灰"。我国有些地区也会将其习惯性地称为"粉饰"或"粉刷"。

2. 抹灰的作用

抹灰工程具有保护基层和增加美观度的作用，是为建筑物提供特殊功能的系统施工过程。抹灰工程具有两大功能：一是防护功能，保护墙体不受风、雨、雪的侵蚀，增加墙面防潮、防风化、隔热的能力，提高墙身的耐久性能、热工性能；二是美化功能，改善室内卫生

图 6-1　抹灰工程

条件、净化空气、美化环境、提高居住舒适度。

3. 抹灰的分类

抹灰工程按照使用的材料和装饰效果可分为一般抹灰（图 6-2）

一般抹灰的施工顺序通常遵循"先室外后室内、先上面后下面、先顶棚后墙地"的原则

图 6-2　一般抹灰

和装饰性抹灰。

4. 抹灰工程作业的条件

抹灰工程的作业条件如下。

① 主体结构验收合格。

② 水电预埋管线、配电箱外盒等安装正确，水暖管道的压力试验已完成且没有任何问题（图6-3）。

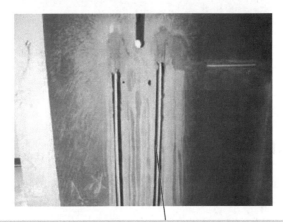

　　水电工程属于隐蔽工程，一定要在其检验合格后再开始抹灰，否则有拆除重新施工的风险

图6-3　水电完工

③ 门窗框已安装完成，且安装牢固，预留有适合的间隙，并做了适当的保护。

④ 其他设施已安全完成并做好保护。

5. 抹灰工程的组成及作用

抹灰工程一般分为底层、中层和面层三个部分（图6-4），作用如下。

① 底层：主要是基层黏结，兼有初步找平作用，使用的砂浆稠度一般为 90~110mm。

② 中层：在抹灰工程中主要起找平作用，在饰面安装中起找平和黏结面层的作用，使用的砂浆稠度一般为 70~90mm。

③ 面层：主要是装饰作用，兼有防风化、抗侵蚀的作用，如使用砂浆，则稠度为 70~80mm 左右。

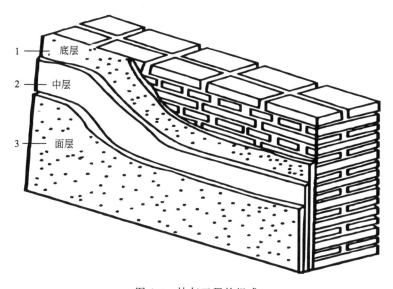

图 6-4 抹灰工程的组成

6. 抹灰工程的总体基层处理

抹灰工程的总体基层处理方法如下。

① 凡室内管道穿越的墙洞和楼板洞、剔除墙后安装的管道周边应用 1：3 的水泥砂浆填嵌密实。

② 门窗周边的缝隙，应用水泥砂浆分层填嵌密实。

二、教你如何进行一般抹灰

1. 抹灰施工常用机具

抹灰施工中的常用机具见表 6-1。

表 6-1　抹灰施工中的常用机具

名称	图示	名称	图示
砂浆搅拌机		托灰板	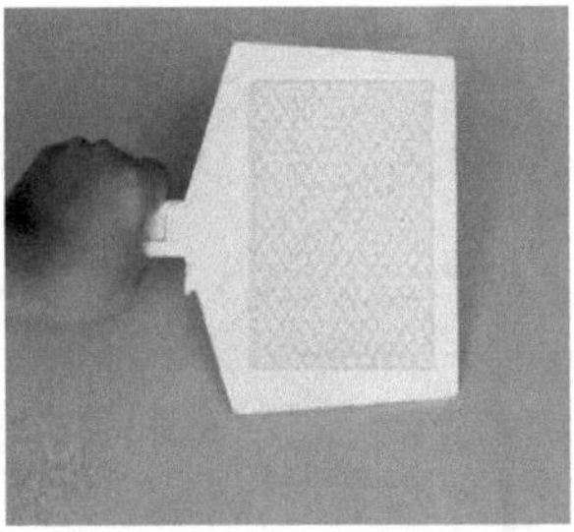
麻刀机		阴阳角抹子	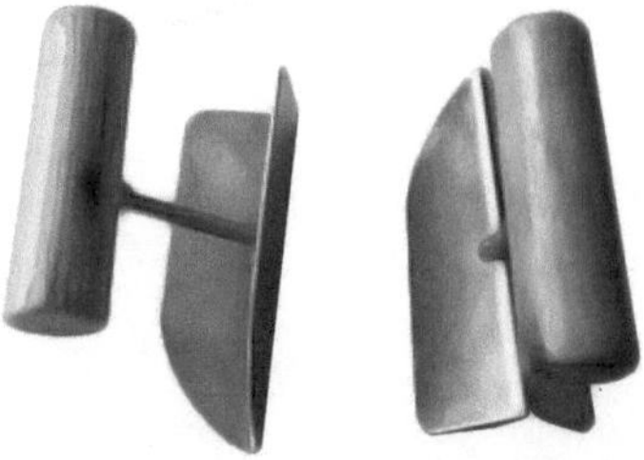
手推车		钢丝刷	

续表

名称	图示	名称	图示
灰槽		材料切割机	
刮杠		线坠	

2. 基层处理

（1）砂浆选择

砂浆选择的主要内容见表 6-2。

表 6-2　砂浆选择的主要内容

选择的砂浆类别	适用范围
水泥砂浆或水泥混合砂浆	外墙门窗洞口的外侧壁、屋檐、勒脚、压檐墙等的抹灰
	湿度较大的房间的抹灰

续表

选择的砂浆类别	适用范围
水泥砂浆或水泥混合砂浆	混凝土板和墙的底层抹灰
水泥混合砂浆或聚合物水泥砂浆	加气混凝土块和板的底层抹灰
麻刀石灰砂浆或纸筋石灰砂浆	板条、金属网棚顶和墙的底层和中层抹灰
水泥混合砂浆	硅酸盐砌块的底层抹灰

（2）基层处理施工操作详解

① 若基层为砖墙：将基层表面多余的砂浆、灰尘抠净，脚手架眼等孔洞堵严，墙面浇水润湿（图6-5）。

去除表面多余的砂浆

图6-5　砖墙

② 基层为混凝土：剔凿凸出部分，光面凿毛（图6-6），用钢丝刷子满刷一遍；墙面若有隔离剂、油污等，可先用浓度为10％的火碱水洗刷干净，再用清水冲洗干净，然后浇水润湿。

③ 基层为加气混凝土：用钢丝刷将表面的粉末清刷一遍，提前1天浇水润湿板缝、清理干净，并刷25％的108胶水溶液，随后用1∶1∶6的混合砂浆勾缝、抹平（图6-7）；钉150～200mm宽的钢丝网，以减少灰层拉裂（图6-8）。

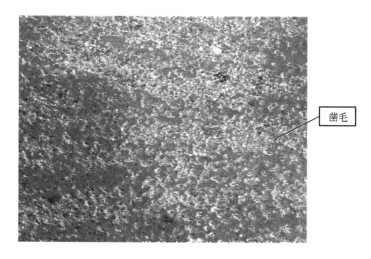

图 6-6　混凝土光面墙凿毛

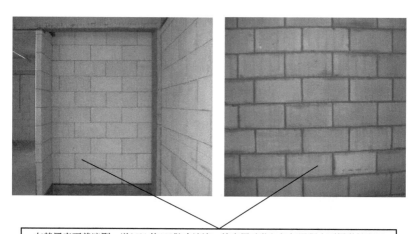

在基层表面普遍刷一道25%的108胶水溶液，使底层砂浆与加气混凝土面层黏结牢固

图 6-7　加气混凝土墙

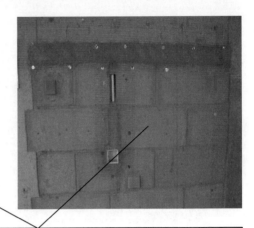

钢丝网直径不小于$\phi 1.2$，剪力墙上用粘贴连接钢片固定，砌体墙上用射钉固定，挂网要均匀、平整、牢固

图 6-8　加钢丝网

3. 墙面甩浆

墙面甩浆见图 6-9。甩浆后，洒水养护至少 2 天。

先浇水湿润墙面，后甩浆

甩浆量不小于墙面面积的80%

图 6-9　甩浆

4. 贴标志块（冲灰饼）、设标筋

（1）贴标志块

贴标志块也叫冲灰饼，如图 6-10～图 6-12 所示。

（2）设标筋

在上下两个标志块之间先抹出一条梯形灰埂，其宽度为 100mm 左右，厚度与标志块相等，作为墙面抹底灰填平的标准，也叫设标筋（图 6-13）。

5. 装档、刮木工

装档、刮木工的具体操作内容见表 6-3。

①在距顶棚15～20cm处和在墙的两端距阴阳角15～20mm处，各按确定的抹灰厚度抹上两个标志块，大小为5cm见方。

②标块所用砂浆与底子灰砂浆相同，常用1∶3的水泥砂浆（或用水泥∶白灰膏∶砂=1∶0.1∶3的混合砂浆）

图 6-10　粘贴标志块（冲灰饼）

小贴士

　　确定抹灰厚度后，进行挂线打灰饼。根据上面两个标志块，用托线板挂垂直线做下面两个标志块，使上下两个标志块在一条垂直线上，每面墙上形成4 个标志块

图 6-11　灰饼吊垂直

表 6-3　装档、刮木工的具体操作内容

名称	内容
基层为砖墙面	先在墙面上浇水润湿，紧跟着分层分遍抹 1∶3 水泥砂浆底子灰，厚度约 12mm，吊直、刮平，底灰要扫毛或划出横向纹道，24 小时后浇水养护
基层为混凝土墙面	①先刷一道掺水 10％质量分数的 108 胶水溶液。 ②接着分层分遍抹 1∶3 水泥砂浆底灰，每层厚度以 5～7mm 为宜。底层砂浆与墙面要黏结牢固，打底灰要扫毛或划出纹道

续表

名称	内容
基层为加气混凝土或板	①先刷一道掺水 20% 质量分数的 108 胶水溶液。 ②紧跟着分层分遍抹 1：0.5：4 水泥混合砂浆，厚度约 7mm，吊直、刮平，底子灰要扫毛或划出纹道

小贴士

灰饼拉通线，每隔1.5m拉一条

图 6-12　灰饼拉通线

6. 找方、做护角线

（1）墙角抹灰找方

墙面抹灰找方如图 6-14 所示。

（2）做护角线

做护角线如图 6-15 所示。

小贴士

①墙面浇水润湿后，在上下两个标志块之间先抹一条宽度为10mm左右的水泥砂浆灰埂。

②稍后，再抹第二遍水泥砂浆，使之凸起成八字形，做标筋时以垂直方向的标志块为依据，要比标志块凸出10mm左右，然后用木杠紧贴标志块左上右下搓，直至把标筋搓到与标志块一样平为止，同时将标筋两边修成斜面，使其与抹灰层以后能接槎顺平。

③标志块、标筋所用的砂浆都应与抹底层灰的砂浆相同。操作时，应先检查木杠有无受潮变形，若变形应及时修理，以防标筋不平

图 6-13　设置标筋

①中级抹灰要求阳角找方，对于有阳角的房间（除门窗口外），先在阳角一侧墙上做基线，用方尺将阳角先规方，再在墙角弹出抹灰准线，并压准线上下两端挂通线做标志块。

②阴阳角找方时两边都要弹基线，为了便于做角和保证阴阳角方正垂直，必须在阴阳角两边都做标志块、标筋

图 6-14　墙面抹灰找方

① 抹护角时，以墙面灰饼为依据，首先要将阳角用方尺规方，靠门框一边以门框离墙面的空隙为准，另一边以标志块厚度为准，此时暗护角线也可以起到标筋的作用。

② 先在阳角两侧薄薄抹一层宽为 50mm 以上的底子灰，借助钢筋卡子将八字尺撑稳，要求一个护角线撑八字尺要一次完成，避免接槎。八字尺撑完后要用线坠吊直，然后分层抹平。

③ 用同样的方法抹另一侧，待护角的棱角稍干时，用阳角抹子和水泥浆捋出小圆角，最后在墙面用靠尺板沿角留出 50mm，将多余的砂浆以 40°斜面切掉。切斜面的目的是为了在墙面抹灰时便于接槎。

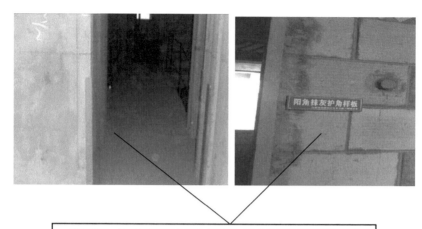

室内墙面、柱面和门洞口的阳角应采用1:2的水泥砂浆(强度等级M20)

图 6-15　做护角线

④ 窗洞口一般不要求做护角，但要方正一致、棱角分明、平整光滑。

7. 机电管线盒埋设

机电管线盒埋设如图 6-16 所示。

8. 抹灰

① 抹底灰（图 6-17）。底层砂浆每层厚度 5～7mm，应分层与所冲筋抹平，并用大杠刮平、找直，用木抹子搓毛。

② 抹中层灰（图 6-18）。底层灰 7～8 成干时，即可抹中层灰。

③ 抹面层灰（图 6-19）。在中层灰 7～8 成干时，即可抹面层灰。

9. 一般抹灰施工质量验收

一般抹灰施工质量验收的具体内容见表 6-4 和表 6-5。

小贴士

①对预留孔洞、配电箱、槽、盒进行检查，配电箱、槽、盒外口应与抹灰面齐平或略低于抹灰面。

②当基层灰抹完后，要随即用钢锯条沿孔洞的内壁将预留孔洞、配电箱、槽、盒内的多余水泥砂浆刮掉，并清除干净

图 6-16　机电管线盒埋设

表 6-4　抹灰遍数验收

类别	屋面	说明
普通抹灰	一层底层和一层面层	或者不分层，一遍成活
中级抹灰	一层底层、一层中层和一层面层	或一层底层，一层面层
高级抹灰	一层底层、数层中层和一层面层	—

一般情况下，冲完筋约垂直2小时左右就可以抹底灰，不要过早或过迟

图 6-17 抹底灰

表 6-5 抹灰层的厚度验收

名称	厚度要求
顶棚	板条、空心砖、现浇混凝土为 15mm，预制混凝土为 18mm，金属网为 20mm
内墙	普通抹灰为 18mm，中级抹灰为 20mm，高级抹灰为 25mm
外墙	通常为 20mm，勒脚及凸出墙面部位为 25mm

名称	厚度要求
石墙	一般为 35mm
水泥砂浆	每遍厚度宜为 5～7mm
石灰砂浆和水泥混合砂浆	每遍厚度宜为 7～9mm
面层麻石灰	每遍厚度不得大于 3mm
面层纸筋石灰、石膏灰	每遍厚度不得大于 2mm

小贴士

水泥砂浆和水泥混合砂浆应待前一层抹灰层凝结后方可涂抹后一层。整体厚度控制在9mm以内

图 6-18　抹中层灰

小贴士

　　先在中灰层上洒水，然后将面层砂浆均匀涂抹上去。抹满后用铁抹子分遍压实、压光

图 6-19　抹面层灰

三、教你如何进行顶棚抹灰

1. 顶棚抹灰施工基本步骤

现浇混凝土楼板顶棚抹灰的基本步骤如下。

灰板条吊顶抹灰的基本步骤如下。

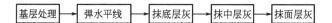

2. 现浇混凝土楼板顶棚抹灰施工操作详解

（1）基层处理

对采用钢模板施工的板底凿毛，并用钢丝刷满刷一遍，再浇水湿润。

（2）弹线

弹线即为弹抹灰控制线，见图 6-20。视设计要求的抹灰档次及抹灰面积大小等情况，在墙柱面上弹出抹灰层控制线。小面积普通抹灰顶棚，一般用目测控制其抹灰面平整度及阴阳角顺直即可；大面积高级抹灰顶棚，则应找规矩、找水平、做灰饼及冲筋等。

小贴士

根据墙柱上弹出的标高基准墨线，用粉线在顶板下100mm的四周墙面上弹出一条水平线作为顶板抹灰的水平控制线。对于面积较大的楼盖顶或质量要求较高的顶棚，宜拉通线设置灰饼

图 6-20 弹抹灰控制线

（3）抹灰底

① 抹底灰（图 6-21）：抹灰前应对混凝土基体提前洒（喷）水润

湿，抹时应一次用力抹灰到位，并初平，不宜翻来覆去扰动，否则会引起掉灰，待稍干后再用搓板刮尺等刮平，最后一遍需压光，阴阳角应用角模拉顺直。

在顶板混凝土湿润的情况下，先刷素水泥浆一道，随刷随打底，打底采用1：1：6水泥混合砂浆。对顶板凹度较大的部位，先大致找平并压实，待其干后，再抹大面底层灰，其厚度每边不宜超过8mm。操作时需用力抹压，然后用压尺刮抹顺平，再用木磨板磨平，要求平整稍毛，不必光滑，但不得过于粗糙，不许有凹陷深痕

图 6-21　顶棚抹底灰施工

　　② 抹面层灰时可在中层六七成干时进行，预制板抹灰时必须朝板缝方向垂直进行，抹水泥类灰浆后需注意洒水养护。

　　（4）抹面罩灰（图 6-22）

　　待灰底六七成干时，即可抹面层纸筋灰。如停歇时间长、底层过分干燥，则应用水润湿。

涂抹时分两遍抹平、压实，其厚度不应大于2mm

图 6-22　抹面罩灰施工

待面层稍干，"收身"时要及时压光，不得有抹痕、气泡、接缝不平等现象。天花板与墙板或梁边相交的阴角应成一条水平直线，梁端与墙面、梁边相交处应成垂直线。

3. 灰板条吊顶抹灰施工做法详解

灰板条吊顶抹灰施工的具体步骤及内容见表 6-6。

表 6-6　灰板条吊顶抹灰施工的具体步骤

施工步骤	施工内容
清理基层	将基层表面的浮灰等杂物清理干净
弹水平线	在顶棚靠墙的四周墙面上弹出水平线，作为抹灰厚度的标志
抹底层灰	抹底灰时，应顺着板条方向，从顶棚墙角开始向中间抹，用铁抹子刮上麻刀石灰浆或纸筋石灰浆，用力来回压抹，将底灰挤入板条缝隙中，使转角结合牢固，厚度为 3~6mm
抹中层灰	待中层灰七成干后，用钢抹子轻敲有整体声时，即可抹中层灰；用铁抹子横着灰板条方向涂抹，然后用软刮尺横着板条方向找坡
抹面层灰	待中层灰约七成干后，用钢抹子顺着板条方向罩面，再用软刮尺找平，最后用钢抹子压光。 为了防止抹灰裂缝和起壳，所用石灰砂浆不宜掺水泥，抹灰层不宜过厚，总厚度应控制在 15mm 以内

4. 顶棚抹灰施工质量验收

顶棚抹灰施工质量验收应按下列要求进行。

① 各工序应按施工技术标准进行质量控制，每道工序完成后，应进行"工序交接"检验。

② 相关各专业工种之间，应进行交接检验，并形成记录。未经监理工程师或建设单位技术负责人检查认可，不得进行下道工序施工。应有相应的施工技术标准和质量管理体系，加强过程质量控制管理。

③ 材料的使用必须符合国家现行标准的规定，严禁使用国家明令淘汰的材料。

④ 普通抹灰：表面光滑、洁净，接槎平整，分格线应清晰。

⑤ 高级抹灰：表面光滑、颜色均匀，无抹痕，线角及灰线平直方正，分格线清晰美观。

5. 顶棚抹灰施工常见问题及解决方法

顶棚抹灰施工常见问题及解决方法见表 6-7。

表 6-7　顶棚抹灰施工常见问题及解决方法

常见问题	原因	解决方法
混凝土楼板抹灰空鼓、裂缝	①基层清理不干净,抹灰前浇水不透;预制楼板安装不平,高低差太大,造成抹灰厚薄不均,从而产生空鼓、裂缝。 ②楼板灌缝不实,不能整体共同工作,在扭曲变形的情况下,板缝处出现通长裂缝。 ③砂浆配合比不当,与楼板结合不牢,造成空鼓、裂缝	①楼板安装高低差不得超过 5mm。 ②板缝、对头缝一定要用 C20 豆石混凝土灌严振实。 ③抹灰前一天应浇水湿润,抹灰时再浇水一遍;抹底层灰前刷 108 胶水泥浆,提高黏结力

续表

常见问题	原因	解决方法
板条顶棚抹灰空鼓、开裂	①顶棚基层龙骨、板条含水率过大,截面尺寸小,刚度不够,抹灰后造成较大的挠度。 ②板条间缝隙太小,表面凹凸过大,板端接缝没错开,造成吸水膨胀和干缩应力集中;各层灰浆配合比和操作不当,时间没掌握好	①顶棚所使用的龙骨,板条含水率不大于20%,小龙骨间距不大于40cm,四周应在同一水平面上。 ②板条间距控制在7~10mm,接头处留出3~5mm缝隙。 ③灰浆应尽量减小水灰比,以防木条吸水膨胀和干燥收缩的变形过大;尽量在抹完顶棚后关闭门窗,使抹灰层在潮湿空气中养护
金属网顶棚空鼓、开裂	①底层砂浆中水泥掺量过多,增加了砂浆的收缩率,因而出现裂缝;金属网顶棚有弹性,抹灰后产生扭曲变形,使各抹灰层内部产生剪切力而引起空鼓、开裂。 ②因多种原因造成抹灰厚薄不均,抹灰较厚部位容易发生空鼓、开裂	①金属网安装表面平整度误差不得超过8mm,起拱高度应符合规定。 ②应提高金属网的刚度,加密钢筋距离;各层砂浆尽量不掺水泥或少掺水泥;较大顶棚加麻丝束

四、教你如何进行内墙抹灰

1. 内墙抹灰施工基本步骤

内墙抹灰施工基本步骤如下。

基层处理 → 吊垂直、套方 → 抹底层砂浆 → 弹线、分格 → 抹水泥石渣浆 → 修整、喷刷

2. 内墙抹灰施工操作详解

（1）基层处理

抹灰前将基层上的尘土、污垢清扫干净，堵脚手眼，浇水湿润。

（2）吊垂直、套方、找规矩（图 6-23）

从顶层开始，用特制线坠绷铁丝吊直，然后分层抹灰饼，在阴阳角、窗口两侧、柱、垛等处均应吊线找直，绷铁丝，抹好灰饼，并冲筋。

图 6-23　吊垂直

（3）抹底层砂浆（图 6-24）

常温时采用 1：0.5：4 混合砂浆或 1：0.3：0.2：4 粉煤灰混合砂浆打底，抹灰时以冲筋为准控制抹灰的厚度，应分层分遍装档，直至与筋抹平。

（4）弹线，分格，粘分格条、滴水条

按图纸尺寸弹线分格，粘分格条，分格条要横平竖直交圈，滴水条应按规范和图纸要求部位粘贴，并应顺直。

（5）抹水泥石渣浆（图 6-25）

先刮一道掺用水量 10% 的 108 胶水泥素浆，随即抹 1：0.5：3 水泥石渣浆，抹时应由下至上一次抹到分格条的厚度，并用靠尺随抹

要求抹头遍灰时用力抹，将砂浆挤入灰缝中，使其黏结牢固，表面找平搓毛，终凝后浇水养护

图 6-24　抹底层砂浆施工

随找平，凸凹处及时处理，找平后压实、压平、拍平至石渣大面朝上为止。

（6）修整、喷刷

将已抹好的石渣面层拍平压实，将其内的水泥浆挤出，用水刷蘸水将水泥浆刷去，重新压实溜光，反复进行 3～4 遍，待面层开始初凝，指按无痕，用刷子刷不掉石渣为度，一人用刷子蘸水刷去水泥浆，一人紧跟着用水压泵喷头由上往下顺序喷水刷洗，喷头一般距墙 10～20cm，把表面水泥浆冲洗干净露出石渣，最后用小水壶浇水将石渣冲净，待墙面水分控干后，起出分格条，并及时用水泥膏勾缝。

图 6-25 抹水泥石渣浆施工

（7）操作程序

门窗碹脸、窗台、阳台、雨罩等部位刷石先做小面，后做大面，以保证墙面清洁美观。刷石阳角部位喷头应由外往里冲洗，最后用小水壶浇水冲净。檐口、窗台、碹脸、阳台、雨罩底面应做滴水槽，上宽 7mm、下宽 10mm、深 10mm，距外皮不少于 30mm。大面积墙面刷石一天完不成，如需继续施工时，冲刷新活前应将头天做的刷石用水淋湿，以备喷刷时沾上水泥浆后便于清洗，防止污染墙面。

3. 内墙抹灰施工质量验收

内墙抹灰施工质量验收时应按下列要求进行。

① 高级抹灰要求表面光滑洁净，颜色均匀无抹纹，线角和灰线平直方正、清晰美观。

② 中级抹灰要求表面光滑洁净，接槎平整，线角顺直、清晰（毛面纹路均匀一致）。

③ 普通抹灰要求表面光滑洁净，接槎平整。

④ 滴水线槽应坡向正确、顺直、整齐一致，深度、宽度均不小于 10mm。

⑤ 预留孔洞槽盒及管道后面应尺寸正确、方正、整齐、光滑；护角的做法符合规定，表面光滑、顺直。

4. 内墙抹灰施工常见问题及解决方法

内墙抹灰施工常见问题及解决方法见表 6-8。

表 6-8 内墙抹灰施工的常见问题及解决方法

常见问题	原因	解决方法
混凝土墙空鼓、裂缝	①基层不平、清理不净，墙面浇水不透。 ②砂浆选用不当或质量不好。 ③基层偏差过大，一次抹灰过厚，收缩率过大。 ④门窗框两边塞灰不严，木砖安装不牢或数量过少，开关震动，在门窗框处产生空鼓、震动	①基层不平要事先剔平或补平,过于光滑应凿毛。 ②表面污垢应清理干净。 ③抹灰前按规定浇水。 ④先将门窗框缝堵严、塞实。 ⑤按设计控制砂浆原材料质量,确保砂浆的保水性能和黏结强度
轻质墙裂缝或开裂	①操作方法不当。 ②轻质墙安装不牢；墙体受到剧烈的冲击震动	墙体表面浮灰、松散颗粒应认真清扫干净，提前 2 天(每天 2～3 次)浇水,抹灰前再浇一遍水；底层灰强度不能过高；上下端与楼板、地面黏结牢固,提高墙体的整体性和刚度

五、教你如何进行地面抹灰

1. 地面抹灰施工基本步骤

地面抹灰施工基本步骤如下。

清理基层 → 弹面层线 → 贴灰饼 → 配制砂浆 → 铺砂浆 → 找平、压光 → 养护

2. 地面抹灰施工操作详解

水泥砂浆面层的厚度应符合设计要求，且不应小于 20mm。

水泥砂浆面层配合比（强度等级）必须符合设计要求；且体积比应为 1：2，强度等级不应低于 M15。

（1）清理基层

将基层表面的积灰、浮浆、油污及杂物清扫干净，明显凹陷处应用水泥砂浆或细石混凝土填平，表面光滑处应凿毛并清刷干净。抹砂浆前一天浇水湿润，表面积水应予以排除。在表面不平，且低于铺设标高 30mm 的部位，应在铺设前用细石混凝土找平。

（2）弹标高和面层水平线

根据墙面已有的＋500mm 水平标高线，测量出地面面层的水平线，弹在四周的墙面上，并要与房间以外的楼道、楼梯平台、踏步的标高相互一致。

（3）贴灰饼（图 6-26）

根据墙面弹线标高，用 1：2 干硬性水泥砂浆在基层上做灰饼，大小约 50mm 见方，纵横间距约 1.5m。

（4）配制砂浆（图 6-27）

面层水泥砂浆的配合比宜为 1：2（水泥：砂，体积比），稠度不大于 35mm，强度等级不应低于 M15。使用机械搅拌，投料完毕后的搅拌时间不应少于 2 分钟，要求拌和均匀，颜色一致。

（5）铺砂浆

铺砂浆前，先在基层上均匀扫素水泥浆（水灰比 0.4～0.5）一遍，随扫随铺砂浆。注意水泥砂浆的虚铺厚度宜高于灰饼 3～4mm。

（6）找平、第一遍压光（图 6-28）

铺砂浆后，随即用刮杠按灰饼高度，将砂浆刮平，同时把灰饼剔掉，并用砂浆填平。然后用木抹子搓揉压实，用刮杠检查平整度。待砂浆收水后，随即用铁抹子进行头遍抹平压实，抹时应用力均匀，并后退操作。

（7）第二遍压光

在砂浆初凝后进行第二遍压光，用铁抹子边抹边压，把死坑、砂

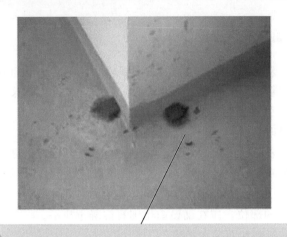

小贴士

　　有坡度的地面，应坡向地漏。如局部厚度小于10mm 时，应调整其厚度或将局部高出的部分凿除。对面积较大的地面，应用水准仪测出基层的实际标高并算出面层的平均厚度，确定面层标高，然后做灰饼

图 6-26　贴灰饼

图 6-27　配制砂浆操作

　　如局部砂浆过干，可用毛刷稍洒水；如局部砂浆过稀，可均匀撒一层1：2干水泥砂吸水，随手用木抹子用力搓平，使其互相混合并与砂浆层结合紧密

图 6-28　地面找平、压光

眼填实压平，使表面平整。要求不漏压。

　　（8）第三遍压光

　　在砂浆终凝前进行，即人踩上去稍有脚印，用抹子压光无痕时，用铁抹子把前遍留的抹纹全部压平、压实、压光。

　　（9）养护

　　视气温高低，在面层压光 24 小时后，洒水保持湿润，养护时间不少于 7 天。

　　（10）分格缝

　　当面层需分格时，即做成假缝，应在水泥初凝后弹线分格。宜先用木抹子沿线搓一条一抹子宽的面层，用铁抹子压光，然后采用分格器压缝。分格缝要求平直、深浅一致。大面积水泥砂浆面层，其他格

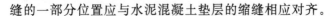

缝的一部分位置应与水泥混凝土垫层的缩缝相应对齐。

（11）抹踢脚线（图6-29）

水泥砂浆地面面层一般用水泥砂浆做踢脚线，并在地面面层完成后施工。底层和面层砂浆宜分两次抹成。

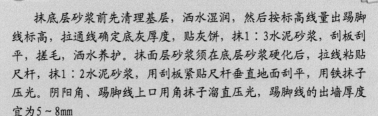

抹底层砂浆前先清理基层，洒水湿润，然后按标高线量出踢脚线标高，拉通线确定底灰厚度，贴灰饼，抹1∶3水泥砂浆，刮板刮平，搓毛，洒水养护。抹面层砂浆须在底层砂浆硬化后，拉线粘贴尺杆，抹1∶2水泥砂浆，用刮板紧贴尺杆垂直地面刮平，用铁抹子压光。阴阳角、踢脚线上口用角抹子溜直压光，踢脚线的出墙厚度宜为5~8mm

图6-29　抹踢脚线施工

3. 地面抹灰施工质量验收

地面抹灰施工质量验收应按下列要求进行。

① 水泥采用硅酸盐水泥、普通硅酸盐水泥，其强度等级不应低于42.5级，不同品种、不同强度等级的水泥严禁混用。

② 砂应为中粗砂，当采用石屑时，其粒径应为 $1 \sim 5mm$，且含泥量不应大于 3%。

③ 面层与下一层应结合牢固，无空鼓、裂纹。如果空鼓面积不大于 $400cm^2$，且每自然间（标准间）不多于 2 处可不计。

④ 面层表面的坡度应符合设计要求，不得有倒泛水和积水现象。

⑤ 踢脚线与墙面应紧密结合，高度一致，出墙厚度均匀。

六、教你如何进行外墙抹灰

1. 外墙抹灰基本步骤

外墙抹灰基本步骤如下。

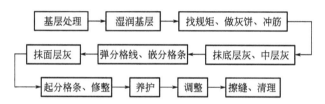

2. 外墙抹灰操作详解

外墙抹灰施工操作要点见表 6-9。

表 6-9　外墙抹灰施工操作要点

名称	操作要点
基层处理、湿润	基层表面应清扫干净，混凝土墙面凸出的地方要剔平刷净，蜂窝、凹洼、缺棱掉角处，应先刷一道 1:4(108 胶:水)的胶溶液，并用 1:3 水泥砂浆分层补平；加气混凝土墙面缺棱掉角和缝隙处，宜先刷一道掺水泥重 20% 的 108 胶素水泥浆，再用 1:1:6 水泥混合砂浆分层修补平整

续表

名称	操作要点
找规矩、做灰饼、冲筋	在墙面上部拉横线,做好上面两角灰饼,再用托线板按灰饼的厚度吊垂直线,做下边两角的灰饼;分别在上部两角及下部两角灰饼间横挂小线,每隔1.2～1.5m做出上下两排灰饼,然后冲筋。门窗口上沿、窗口及柱子均应拉通线,做好灰饼及相应的标筋
抹底层、中层灰	外墙底层灰可采用水泥砂浆或混合砂浆(水泥∶石子∶砂=1∶1∶6)打底和罩面。其底层、中层抹灰及赶平方法与内墙基本相同
弹分格线、嵌分格条	中层灰达六七成干时,根据尺寸用粉线包弹出分格线。分格条使用前用水泡透,分格条两侧用黏稠的水泥浆(宜掺108胶)与墙面抹成45°,横平竖直、接头平直。当天不抹面的"隔夜条",两侧素水泥浆与墙面抹成60°
抹面层灰	抹面层灰前,应根据中层砂浆的干湿程度浇水湿润。面层涂抹厚度为5～8mm,应比分格条稍高。抹灰后,先用刮杠刮平,紧接着用木抹子搓平,再用钢抹子初步压一遍。稍干后,再用刮杠刮平,用木抹子搓磨出平整、粗糙均匀的表面
拆除分格条、勾缝	面层抹好后即可拆除分格条,并用素水泥浆把分格缝勾平整。若采用"隔夜条"的罩面层,则必须待面层砂浆达到适当强度后方可拆除
做滴水线、窗台、雨篷、压顶、檐口等部位	先抹立面,后抹顶面,再抹底面。顶面应抹出流水坡度,底面外沿边应做出滴水线槽。滴水线槽的做法:在底面距边口20mm处粘贴分格条,成活后取掉即成;或用分格器将这部分砂浆挖掉,用抹子修整
养护	面层抹光24小时后应浇水养护。养护时间应根据气温条件而定,一般不应小于7天

3. 外墙抹灰施工质量验收

外墙抹灰施工质量验收应按下列要求进行。

① 抹灰前基层表面的尘土、污垢、油渍等应清除干净,并应洒水润湿。

② 抹灰工程应分层进行。当抹灰总厚度大于或等于 35mm 时，应采取加强措施。不同材料基体交接处表面的抹灰，应采取防止开裂的加强措施，当采用加强网时，加强网与各基体的搭接宽度不应小于 100mm。

③ 抹灰层与基层之间及各抹灰层之间必须黏结牢固，抹灰层应无脱层、空鼓，面层应无爆灰和裂缝。

④ 表面应光滑、洁净、接槎平整，分格缝应清晰。

⑤ 护角、孔洞、槽、盒周围的抹灰表面应整齐、光滑；管道后面的抹灰表面应平整。

⑥ 抹灰层的总厚度应符合设计要求；水泥砂浆不得抹在石灰砂浆层上；罩面石膏灰不得抹在水泥砂浆层上。

⑦ 抹灰分格缝的设置应符合设计要求，宽度和深度应均匀，表面应光滑，棱角应整齐。

⑧ 有排水要求的部位应做滴水线（槽）。滴水线（槽）应整齐顺直，滴水线应内高外低，滴水槽的宽度和深度均不应小于 10mm。

第七章 手把手教你镶贴饰面砖

一、镶贴细节操作详解

1. 常用镶贴方法的选择

饰面砖镶贴工程中常用镶贴方法有干铺法和湿铺法两种，其内容见表 7-1。

表 7-1 干铺法与湿铺法

名称	内容	图例
干铺法	将基层清理干净并浇水湿润，然后抹结合层，再使用干性水泥砂浆按照 1：3 的比例搅拌均匀，按照水平线摊铺平整，把砖放在砂浆上用橡皮锤震实，取下瓷砖浇抹水泥浆，再把瓷砖放实震平即可。 采用干铺法平整度比较好控制，而且能够有效避免气泡及空鼓等现象，但是比较费工，费用也相对较高	

续表

名称	内容	图例
湿铺法	湿铺法是相对于干铺法来说的,就是直接采用普通水泥砂浆抹在瓷砖后面进行铺贴。湿铺法能够很好地节约地面厚度,比较适合于较小规格的瓷砖,费用也相对低一些,但是平整度控制不如干铺法,容易产生空鼓现象	

2. 饰面砖浸水

如果采用水泥、砂浆铺贴,则铺贴前需要先将釉面砖清扫干净,然后在清水中浸泡(图 7-1),一般不少于 2 小时,浸泡到不吸水时为

泡水时间,釉面砖在铺贴前需要泡水,排水的时间以瓷砖完全浸泡在水中,直到不冒气泡为准

图 7-1 瓷砖浸泡

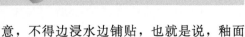
止，然后取出阴干使用。注意，不得边浸水边铺贴，也就是说，釉面墙砖在铺贴前需要泡水。

对于吸水率小的全瓷砖作墙砖使用，包括抛光砖、全瓷的仿古砖，铺贴时是不需要泡水处理的。

玻化砖的吸水率小于 0.5%，基本上是相当于不吸水，因此，泡水与不泡水没有什么区别，所以玻化砖可以不进行泡水、直接使用。

3. 饰面砖铺贴前预排

铺贴前，需要先进行预排（图 7-2）。预排时，需要注意同一墙面的横、竖排列均不得有一行以上的非整砖。非整砖需要排在最不醒目的部位，或者在阴角处。

小贴士

预排的方法是先用接缝宽度调整砖行。在室内铺贴砖时，如果没有具体要求，接缝宽可以在 $1\sim1.5\mathrm{mm}$ 之间调整。在管线、灯具卫生设备承重部位需要用整砖套割吻合，不得用非整砖拼凑铺贴，以保证饰面的美观

图 7-2 瓷砖预排

4. 饰面砖铺贴

① 墙砖阴角搭接应先贴短边墙砖，长边墙砖碰接于短边墙砖。

② 根据不同的砖的特点及用的部位定砖缝的控制：客厅地砖 1.5～2mm，厨房地砖 1.5～2mm，厨房墙砖 1～1.5mm，主卫墙砖 0.5～1mm，客卫墙砖 0.5～1mm。

③ 卫生间地面最高处也低于相邻房间、走道地面 10mm。客卫内淋浴房地面低于相邻房间、走道地面 20mm。

④ 浴缸长度小于墙面长度时需补砌平台，高度同浴缸，面层装饰同裙边饰面；浴缸宽度小于墙面宽度 120mm 以上时，需补砌砖平台，高度同浴缸，面层装饰同裙边饰面。浴缸宽度大于墙面宽度 120mm 时，无需补砌。砖浴缸原则上靠内墙。

5. 饰面砖铺贴收尾

铺贴完工大约 48 小时后，可以用白水泥，或者专用的瓷砖勾缝剂勾缝（图 7-3），最后做好清洁卫生工作。

小贴士

　　若客厅选择地砖，卧室铺贴木地板时，它们之间的衔接，一般采取的处理方法是加金属扣条或用异色的瓷砖来衔接

图 7-3　用瓷砖勾缝剂勾缝

6. 瓷砖胶的使用

瓷砖胶（图 7-4）是房屋装潢的新型材料，又叫作瓷砖胶黏剂、黏合剂、黏结剂、黏胶泥、陶瓷砖黏合剂等。

小贴士

瓷砖胶粘贴具有施工方便、强度高、耐水、耐冻、耐老化等特点。瓷砖胶粘贴可以广泛用于室内外墙体、浴室、厨房等建筑饰面装饰场所

图 7-4　瓷砖胶

瓷砖胶主要用于粘贴瓷砖、面砖、地砖等装饰材料，其粘贴原理见表 7-2。

表 7-2　瓷砖胶的粘贴原理

类别	主要内容
物理粘贴原理	瓷砖胶能够嵌入孔隙，干固后形成机械的咬合。如果使用瓷砖胶独有的齿形刮板批荡工具，更能够节省材料，且能获得 2～3 倍的黏结力

续表

类别	主要内容
化学粘贴原理	瓷砖胶的无机材料与有机材料复合反应,产生具有粘贴力的物质,从而把基体与瓷砖紧紧黏结住。使用瓷砖胶的优点如下。 ①粘贴牢固。 ②不需要预先对瓷砖泡水。 ③粘贴厚度仅需 1～2mm,可以增大装修空间。 ④不用十字塑料架固定。 ⑤可以从墙面任何位置开始粘贴,并且不会下坠。 ⑥可以同时铺贴多片瓷砖,不像水泥砂浆一般只能够单片上浆铺贴。 ⑦粘贴速度比水泥砂浆粘贴快 4～6 倍

瓷砖胶的主要使用方法见表 7-3。

表 7-3　瓷砖胶的使用方法

名称	主要内容	特点
薄贴法	①用水泥砂浆对不平整的墙面进行找平处理; ②用瓷砖胶,采用薄贴法施工	这种方法的好处是能够将瓷砖胶的功能优势发挥到最大化,达到最佳的粘贴效果,但是,这种施工方法也会增加工期
厚贴法	①首先将瓷砖胶加入水泥中; ②然后根据常规背浆厚贴法进行施工	这种方法通过调整瓷砖与水泥的比例,来控制贴砖砂浆的黏结力、综合成本,既可以不改变原有的贴砖方法,又能够提高一定的黏结力

7. 瓷砖美缝剂的施工

(1) 瓷砖美缝剂施工操作详解

瓷砖美缝剂施工的主要内容如下。

首先将美缝剂装入胶枪中,然后缓缓用力将料均匀地打进缝中

（图 7-5），打好一道，大约 0.2m 后，再用木楔子堵住料嘴，用小刮子或者手指将美缝剂马上刮平，并且把砖缝两边溢出的料用湿润的海绵擦掉，注意一定要在美缝剂没凝固前擦除干净。每次擦除后，海绵需要用水清洗干净，以便接下来继续使用。

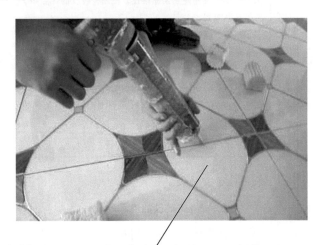

小贴士

　　如果缝宽在3mm以上，填进瓷砖缝的美缝剂又比较均匀，则不需要再刮美缝剂，让其自动流平即可

图 7-5　美缝剂施工

　　如果留 1mm 深的缝隙，打美缝剂前，需先用抹布或细毛刷将缝内粉尘等清理干净，然后在缝两边贴上美纹纸（图 7-6）。

　　（2）瓷砖美缝剂施工注意要点

　　① 一定要在抹平后，及时撕下美纹纸。时间长了，容易将缝里面的美缝剂连根拔起。

　　② 每打完一次料，出口用牙签或者胶带堵上，可以防止溢料浪费。勾缝时，出料嘴有少量自溢料，可用报纸擦除。

　　美纹纸要离缝隙边缘大约0.5mm为宜，然后把美缝剂装在胶枪上，再沿砖缝均匀打入。等施工大约1m左右时，立即用手指或小刮子涂抹均匀。另外，趁美缝剂没凝固时，揭掉美纹纸

图 7-6　瓷砖粘贴美纹纸

8. 瓷砖缝隙的处理

（1）勾缝的处理

① 勾缝用材料。瓷砖铺贴中必须留缝。留缝的大小要根据具体产品来考虑。瓷砖铺贴中留了缝就需要勾缝。目前，常用的勾缝材料主要有水泥、勾缝剂、腻子粉（图 7-7）等，其中，腻子粉、白水泥是比较传统的材料。

② 勾缝剂的类型。目前，勾缝剂类型主要包括有沙勾缝剂和无沙勾缝剂两种。有沙勾缝剂适用于铺贴亚光砖和仿古地砖等，无沙勾缝剂适用于铺贴光亮的墙砖和玻化砖。

勾缝剂颜色的选择方法见表 7-4。

 小贴士

　　腻子粉、白水泥的防水性能、耐擦洗性能要差一些。家庭装修中，厨卫的墙地面、客厅地面的瓷砖勾缝中一般不采用腻子粉、白水泥，而是基本上选择专业的瓷砖填缝剂、勾缝剂

图 7-7　腻子粉

表 7-4　勾缝剂颜色的选择方法

方法	选择原则
接近法	选择与瓷砖颜色接近的勾缝剂
反差法	选择与瓷砖颜色形成强烈对比的勾缝剂

　　③ 勾缝时间的选择。一般勾缝的时间为贴砖 24 小时后，也就是瓷砖干固后。如果勾缝时间太早，会影响所贴瓷砖，造成高低不平、松动脱落等异常现象。另外，勾缝之前，需要把瓷砖的缝隙里面的灰土、杂物清理干净，否则不但影响效果，还可能造成瓷砖高低不平、松动脱落等异常现象。

（2）留缝大小

瓷砖缝隙的处理集中在留缝大小、勾缝两方面。无缝砖经过直切或修边处理，砖面与侧边面成 90°，因此，两片拼贴在一起时，砖与砖间的缝隙很小。由于缝隙小，整体性更强，于是有的施工者就进行无缝铺贴。但是，事实证明瓷砖是不能无缝铺贴的，主要原因见表 7-5。

表 7-5　瓷砖不能无缝铺贴的主要原因

名称	主要内容
瓷砖存在误差	瓷砖在生产时不能保证尺寸、重量等完全一样，只要符合相关标准，就只能称其为误差。对于瓷砖而言，同一批次的同一型号的产品，均可能存在长度、直角度、边角度等方面的偏差，没有一点误差的瓷砖，基本上是没有的
施工存在误差	施工过程中，除了不规范的施工方法外，在拼贴时，多少会存在一些误差。任何物体都存在热胀冷缩，瓷砖也不例外。如果缝隙过小，会导致瓷砖对环境的应变能力变差，由于温度的变化，会使瓷砖被挤破

常用瓷砖留缝的参考数值见表 7-6。

表 7-6　常用瓷砖留缝的参考数值

名称	参考数值	图例
无缝砖	无缝砖等墙砖、抛光砖铺贴时，留缝的大小一般为 1～1.5mm，且不低于 1mm。实际中，可以用气钉、牙签等来作为参照物	

续表

名称	参考数值	图例
仿古砖	仿古砖一般的留缝比墙砖、抛光砖稍宽,留缝的大小一般为 3~5mm	
阳台的外墙文化砖	阳台的外墙文化砖,留缝的大小一般为 5mm 左右	

9. 瓷砖铺贴的常见问题及处理

瓷砖铺贴的常见问题及处理方法见表 7-7。

表 7-7　瓷砖铺贴的常见问题及处理方法

常见问题	解决方法
铺贴后花纹效果不理想	大部分产品有一定的图案且具有方向性。根据产品图案特征或背面商标图案统一方向铺贴,应可获得满意的铺贴效果
铺贴瓷砖时用纯水泥	为了防止水泥收缩过大造成较大的拉应力拉裂瓷砖,一般宜用低标号水泥 42.5 或以下的水泥,并且采用 1:3 的水泥砂浆铺贴瓷砖

续表

常见问题	解决方法
铺贴后的抛光砖存在色差	铺贴后不同位置可能所处光线条件不同,引起视觉上的色差;施工时未看包装箱上的色号,不同批次、不同色号的砖铺在一起;产品出厂分级时混色,将不同色号的砖混在一起,或工人专业水平有限分不清色号
墙砖横铺好还是竖铺好	墙砖采用横铺还是竖铺取决于空间大小、结构等因素,例如如果卫生间、厨房面积小,但是层高高,则可以采用横铺,这样从视觉上接大空间面积,缩小层高;如果卫生间、厨房矮小,则竖铺,可以达到弥补视觉缺陷的效果。当然,墙砖横铺、竖铺还取决于业主的喜好和个性
铺贴瓷片时为何缝越铺越对不上	可能是因为铺贴时用不同工作尺寸的产品铺同一平面,或者是不同的产品搭配时工作尺寸不一致等情况引起的
处理原有地面的瓷砖	一般而言,处理方法是需要将原有的地砖砸掉,砸掉需要将原有的地砖的基层部分(包括水泥砂浆、干灰层)给清理掉,然后重新铺贴瓷砖即可
贴瓷砖要高出基层面多高	一般而应高出 3.5～5cm。如果铺强化复合地板,地砖高出地板大约 3cm。如果应用新工艺来铺地砖,则地砖的高度与复合地板的高度一致。 水泥砂浆最薄一般为 2.5cm。如果采用干粉瓷砖黏结剂,可以更薄。地砖铺设厚度一般为 3～5cm
卫生间瓷砖贴多高	卫生间瓷砖能够全部贴到吊顶最好,中间可以做一些腰线处理。 卫生间做防水至关重要,一般淋浴区防水高度为 180cm,也可以做到顶。如果是有浴缸,与浴缸相邻的墙面,需要做到高出浴缸上沿 30cm,其余墙面做到高 30cm 处。如果洗漱台贴墙,则相邻墙面最好也做防水处理

常见问题	解决方法
铺地砖时不要让水泥受潮	在阴雨天进行地面铺砖时,最好在水泥表面覆盖好牛皮纸或塑料布等物,并且尽量把水泥远离水源,以防止水泥受潮、浸湿后结成块状。 　　但是,抹好的水泥依旧会受到空气潮湿的影响,使凝固速度减慢。因此,铺贴完地砖后,不能马上在上面踩踏,需要设置相应跳板,以方便通行
贴瓷砖是从上往下贴,还是从下往上贴	最好是从下往上贴,瓷砖贴完再贴瓷片,这样瓷砖的固定也有支撑

二、教你如何进行地砖镶贴

1. 地砖的用途

　　地砖 (图 7-8) 是一种地面装饰材料。地砖花色品种多,可供选择的余地大。地砖适用于客厅、卫生间、阳台等。根据材质,地砖可以分为釉面砖、通体砖 (防滑砖)、抛光砖、玻化砖等。

　　通体砖 (图 7-9) 是将岩石碎屑经过高压压制而成,表面抛光后坚硬度可与石材相比,吸水率更低,耐磨性好。通体砖的表面不上釉,而且正面和反面的材质和色泽一致,因此得名。虽然现在还有渗花通体砖等品种,但相对来说,其花色比不上釉面砖。多数的防滑砖都属于通体砖。

　　地板砖 (图 7-10),又称地面砖,是一种地面装饰材料,用黏土烧制而成,规格多样、质坚、密度小、耐压耐磨、能防潮,有的经上

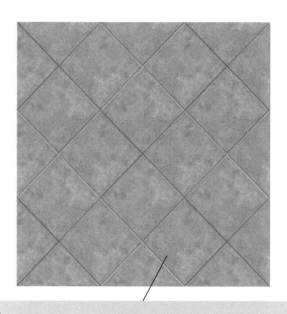

图 7-8　地砖

釉处理，具有装饰作用。

2. 地砖镶贴基本步骤

地砖镶贴的基本步骤如下。

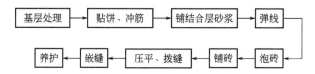

小贴士

通体砖越来越成为一种时尚，被广泛使用于厅堂、过道、室外走道等装修项目的地面。通体砖一般较少使用于墙面。多数的防滑砖都属于通体砖

图 7-9 通体砖

小贴士

地板砖的铺设温度最好高于10℃。铺设前，要将地板砖正面朝下，在施工现场放置24小时以上，使地板砖温度与室温相同。铺设中，需要尽量保持室温恒定

图 7-10 地板砖

3. 地砖镶贴操作详解

（1）贴饼、冲筋（图 7-11）

根据墙面的 50 线弹出地面建筑标高线和踢脚线上口线，然后在房间四周做灰饼。灰饼表面应比地面建筑标高低一块砖的厚度。厨房及卫生间内陶瓷地砖应比楼层地面建筑标高低 20mm，并从地漏和排水孔方向做放射状标筋，坡度应符合设计要求。

图 7-11　地面冲筋操作

（2）铺结合层砂浆（图 7-12）

应提前浇水湿润基层，刷一遍水泥素浆，随刷随铺 1∶3 的干硬

图 7-12　铺结合层砂浆

性水泥砂浆，根据标筋标高，将砂浆用刮尺拍实刮平，再用长刮尺刮一遍，然后用木抹子搓平。

（3）泡砖（图7-13）

将选好的地砖清洗干净后，放入清水中浸泡2～3小时后，取出晾干备用。

图 7-13　泡砖操作

（4）铺砖（图7-14）

铺砖的顺序依次为：按线先铺纵横定位带，定位带间隔15～20块砖，然后铺定位带内的陶瓷地砖；从门口开始，向两边铺贴，也可按纵向控制线从里向外倒着铺；踢脚线应在地面做完后铺贴；楼梯和台阶踏步应先铺贴踢脚板，后铺贴踏板，踏板先铺贴防滑条；镶边部分应先铺贴；铺砖时，应抹素水泥浆，并按地砖的控制线铺贴。

（5）压平、拔缝（图7-15）

每铺完一个房间或区域，用喷壶洒水后大约15分钟用木锤垫硬木拍板按铺砖顺序拍打一遍，不得漏拍，在压实的同时用水平尺找平。压实后，拉通线先竖缝后横缝进行拔缝调直，使缝口平直、贯通。调缝后，再用木锤、拍板拍平。如陶瓷地砖有破损，应及时更换。

小贴士

地面瓷砖、石材铺设时间：地面石材、瓷质砖铺装是技术性较强、劳动强度较大的施工项目。一般在基层地面已经处理完、辅助材料齐备的前提下，每个成熟工人每天铺装6m²左右。如果加上前期基层处理和铺贴后的养护，每个工人每天实际铺装4m²左右。地面瓷质砖的铺装工期比地面石材铺装略少一天。如果地面平整，板材质量好、规格较大，施工工期可以相应缩短。在成品保护的条件下，地面铺装可以和油漆施工、安装施工平行作业

图 7-14　铺砖施工

压实的同时用水平尺找平

图 7-15　压平

（6）嵌缝（图 7-16）

陶瓷地砖铺完两天后，将缝口清理干净，并刷水湿润，用水泥浆嵌缝。如是彩色地面砖，则用白水泥或调色水泥浆嵌缝，嵌缝做到密实、平整、光滑，在水泥砂浆凝结前，应彻底清理砖面灰浆，并将地面擦拭干净。

4. 地砖镶贴施工注意事项

① 混凝土地面应将基层凿毛（图 7-17），凿毛深度 5～10mm，凿毛痕的间距为 30mm 左右。清净浮灰、砂浆、油渍，将地面散水刷扫，或用掺 108 胶的水泥砂浆拉毛。抹底子灰后，底层六七成干时，进行排砖弹线。基层必须处理合格。基层湿水可提前一天实施。

② 铺贴前应弹好线，在地面弹出与门道口成直角的基准线，弹线应从门口开始，以保证进口处为整砖，非整砖置于阴角或家具下面，弹线应弹出纵横定位控制线。正式粘贴前必须粘贴标准点并拉线（图 7-18），用以控制粘贴表面的平整度，操作时应随时用靠尺检查

地砖嵌缝的技巧如下。在对地砖地面进行勾缝时，很多时候由于工人的操作不熟练导致勾缝不均匀，或者污染地砖，尤其是对于釉面砖和抛光砖这类容易渗入的地砖，一旦被污染，哪怕只是很小的一点也会给整体效果留下瑕疵。因此，在对地砖进行勾缝时，最好在砖的边缘用纸胶带粘贴保护起来，这样地砖就不会受到勾缝剂的污染

图 7-16 嵌缝施工

用凿毛机将混凝土地面凿毛或用水泥拉毛，可增加砖体与地面的黏结力

图 7-17 混凝土地面凿毛或拉毛

平整度，不平、不直的，要取下重贴（图7-19）。

先将一条线上两端的地砖贴好，在两块地砖间拉一条线，然后再贴中间部分的地砖，要使这些地砖的边缘全部与线对齐

图7-18 拉线

图7-19 水平尺找平

③ 铺贴陶瓷地面砖前，应先将陶瓷地面砖浸泡两小时以上，以砖体不冒泡为准，取出晾干待用，以免影响其凝结硬化，发生空鼓、起壳等问题。

④ 铺贴时，水泥砂浆应饱满地抹在陶瓷地面砖背面，铺贴后用橡皮锤敲实（图 7-20）。同时，用水平尺检查校正，擦净表面水泥砂浆。铺贴时遇到管线、卫生间设备的支承件等，必须用整砖套割吻合（图 7-21）。

图 7-20 敲实

图 7-21 整砖套割吻合

⑤ 铺贴完 2～3 小时后，用白水泥擦缝，用水泥、砂子比例为 1∶1（体积比）的水泥砂浆，缝要填充密实，平整光滑（图 7-22），再用棉丝将表面擦净。铺贴完成后，2～3 小时内不得上人。陶瓷锦砖应养护 4～5 天才可上人（图 7-23）。

图 7-22　地砖填缝

小贴士

　　地砖养护在有条件的情况下，可以用湿垫子铺在上边，或者用锯末浇上干净的水进行养护。但不要直接用水冲，这样会冲掉水泥

图 7-23　地砖养护

5. 地砖镶贴施工质量验收

　　① 面层所用板块的品种、质量必须符合设计要求。

　　② 面层与下一层的结合（粘接）应牢固，无空鼓（图 7-24）。

　　③ 砖面层的表面应洁净、图案清晰、色泽一致、接缝平整、深浅一致、周边顺直，板块无裂纹、掉角和缺棱等缺陷（图 7-25）。

　　④ 平整度应符合质量标准（图 7-26）。

　　⑤ 面层邻接处的面层用料及尺寸应符合设计要求，边角整齐，楼层梯段相邻踏步高度不应大于 10mm；防滑条应顺直。

　　⑥ 面层表面的坡度应符合设计要求，不倒泛水，不积水，与地漏管道结合处应严密牢固、无渗漏。

　　⑦ 质量检验标准见表 7-8。

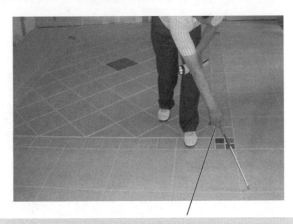

地砖空鼓现象控制在3%以内，主要通道上不能出现空鼓

图 7-24　空鼓检查

表面无色差、损伤等现象，接缝一致、平整

图 7-25　外观检查

平整度用靠尺和塞尺检查，符合质量标准为合格

图 7-26 平整度检查

表 7-8 地砖镶贴施工质量检验标准

项目	允许偏差/mm	检测方法
表面平整度	2	2m靠尺及楔形塞尺检查
缝格平直	3	拉5m通线,不足5m拉通线或用钢尺检查
接缝高低	0.5	用尺量或用楔形塞尺检查
踢脚线上口平直	3	拉5m线,直尺检查
板块间缝隙宽度	2	钢尺

三、教你如何进行墙砖镶贴

1. 墙砖镶贴基本步骤

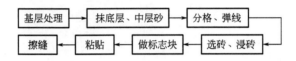

（1）基层处理（图 7-27）

粘贴饰面砖需要先做找平层，基层处理是做好找平层的前提，基层既不能产生空鼓又要满足面层粘贴要求。

小贴士

找平层的质量是保证饰面层粘贴质量的关键

图 7-27　墙体基层处理

（2）抹底层、中层砂

① 用 1∶3 的水泥砂浆或 1∶1∶4 的混合砂浆在已充分湿润的基层上涂抹。

② 涂抹时须注意控制砂浆的稠度，基体不得干燥，因为干燥的基体容易吸收紧贴它的砂浆层的水分，使砂浆失水，形成抹灰层与基体的隔离层，而使水泥水化不充分。

③ 内墙面应在四角吊垂线、拉通线，确定抹灰厚度后贴灰饼、连通灰饼（竖向、水平向）进行标筋（图 7-28），作为墙面找平层，砂浆垂直平整度和水平平整度应符合标准。

图 7-28 标筋

④ 抹灰厚度较大时应分层涂抹。一般一次抹灰厚度小于或等于7mm，局部太厚可加钢丝网片。

（3）分格、弹线

① 用墨线弹出饰面砖分格线（图 7-29），弹线前应根据粘贴墙面长、宽尺寸（找平后的精确尺寸）按纵、横面砖的皮数划出皮数杆，定出面砖粘贴基准。

② 当最下面砖的高度小于半块砖时，最好重新分划，使最下面一层面砖高度大于半块砖。排砖划分后，可将面砖多出的尺寸伸入到吊顶内。

③ 最好从墙面一侧端部开始，以便将不足模数的面砖粘贴于阳角或阴角处。

 小贴士

　　对要求面砖贴到顶的墙面应先弹出顶棚边或龙骨下标高线，确定面砖粘贴上口线，从上往下按整块饰面砖的尺寸分划到最下面的饰面砖

图 7-29　弹饰面砖分格线

　　（4）选砖、浸砖

　　① 挑选饰面砖的几何尺寸可使用自制模具，模具是根据饰面砖几何尺寸及公差大小做成的 U 形木框，木框被钉在木板上，砖逐块放入不同尺寸的木框中即可区分出大、中、小号，分别堆放备用。

　　② 在分选饰面砖的同时注意砖的平整度（图 7-30），不合格者不使用。最后挑选配件砖，如阴角条、阳角条和压顶等。

　　③ 用陶瓷釉面砖做饰面砖时，在粘贴前应充分浸水，一般浸水时间不少于 2 小时，取出后阴干至表面无水膜，通常为 6 小时左右，以手摸无水感为宜。

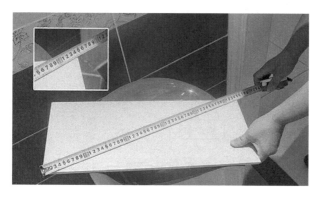

图 7-30　地砖平整度可用水平尺或测量对角线检测

（5）做标志块

用面砖按粘贴厚度在墙面上下左右做标志块，并以标志块棱角作为基准线，上下用靠尺吊直，横向用靠尺或细线拉平（图 7-31）。其间距一般为 1500mm。阳角处除正面做标志块外，侧面亦相应有标志块。

（6）墙砖镶贴

① 在预排饰面砖时，同一墙面只能有一行与一列非整块饰面砖，非整块饰面砖应排在紧靠地面处或不显眼的阴角处。排砖时可用调整砖缝宽度的方法解决，一般饰面砖缝宽为 1～1.5mm（图 7-32）。

② 凡有管线、卫生设备、灯具支撑时，面砖应裁成 U 形口或圆形口等套入，再将裁下的小块截去一部分，与原砖套入口嵌好，严禁

横向拉线

图 7-31 拉线

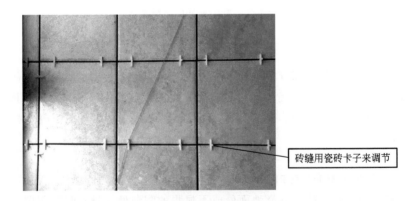

砖缝用瓷砖卡子来调节

图 7-32 砖缝

用几块零砖拼凑（图 7-33）。

图 7-33 整砖套口

③ 内墙面砖粘贴排列方法主要有直缝粘贴（图 7-34）和错缝粘贴（图 7-35）。

图 7-34 直缝粘贴

④ 当饰面砖尺寸较大而偏差又较大时，采用大面积密缝粘贴法效果不好。

图 7-35　错缝粘贴

⑤ 当饰面砖外形有偏差而偏差不太大时，可用分块留缝法粘贴，按每排实际尺寸排块，将误差留于分块中。

⑥ 如果饰面砖厚薄有差异，亦可将厚薄不一的饰面砖按厚度分类，分别粘贴在不同的墙面上。

⑦ 如实在不好区分，则先贴厚砖，然后用在面砖背面填砂浆加厚的方法调整饰面砖厚度，以保证饰面砖粘贴平整。

⑧ 在粘贴时，每一施工层必须由下往上贴（图 7-36），而整个墙面可采用从下往上，也可采用从上往下的施工顺序，如外墙面砖粘贴。

⑨ 饰面砖黏结砂浆厚度应大于 5mm，但不宜超过 8mm。砂浆可以是水泥砂浆，也可以是混合砂浆，水泥砂浆以配合比为 1∶2 或 1∶3（体积比）为宜，宜选用细度模数小于 2.9 的细砂。混合砂浆是在 1∶2 或 1∶3（体积比）的水泥砂浆中加入少量石灰膏，以增加粘贴砂浆的保水性与和易性。这两种粘贴砂浆均较软。若粘贴砂浆过厚，砖会下坠，饰面砖平整度不易保证，因此，要求粘贴砂浆不得过厚。也可采用环氧树脂粘贴法，环氧水泥胶配合比为环氧树脂∶乙二

 小贴士

　　粘贴时用铲刀在砖背面满刮砂浆，再准确粘贴到位，然后用铲刀木柄轻轻敲击饰面砖表面，使其粘贴牢固，并将挤出的砂浆刮净

图 7-36　墙体瓷砖粘贴

胺：水泥＝100：（6～8）：（100～150）。

　　⑩ 墙角有阴角（凹陷90°）和阳角（凸出90°）两种，其中阳角处的瓷砖很容易损坏，而且美观与否也可以看到，其处理很重要，主要有两种方式：磨边贴角（图7-37）和用阳角线（图7-38）。

　　⑪ 粘贴中应随贴、随敲击、随用靠尺检查（图7-39）表面平整度和垂直度，检查若发现高出基准砖面的部分，应立即压砖挤浆。

　　⑫ 如遇饰面砖几何尺寸差异较大，应在粘贴中注意调整。最佳的调整方法是将相近尺寸的饰面砖贴在一排上，但粘贴最上面一排时，应保证砖上口平直，以便最后贴压条砖。无压条砖时，最好在上口贴圆角面砖。

　　（7）擦缝

　　① 饰面砖粘贴完毕后，应用棉纱将砖面灰浆拭净，同时用与饰面砖颜色相同的水泥（彩色面砖应加同色颜料）嵌缝（图7-40）。

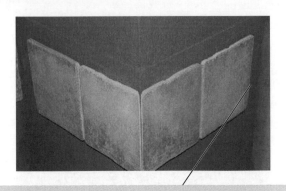

小贴士

用机器将瓷砖的边缘磨出45°角，然后将两片瓷砖的边缘贴在一起。这样做出来的阳角美观，但时间长容易出现爆边、进灰尘、受撞击损坏等问题

图 7-37　磨边贴角

小贴士

阳角线美观性略差，但安装很方便，节省时间，如果工人技术一般，用阳角线能大大降低施工难度，人工费更低,且阳角线本身价格低，可以降低成本

图 7-38　阳角线

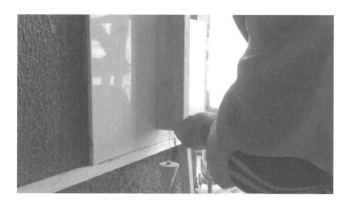

图 7-39　靠尺检查平整度

图 7-40　嵌缝

② 嵌缝后，应用棉纱仔细擦拭干净污染的部位。若饰面砖砖面污染严重，可用稀盐酸刷洗后再用清水冲洗干净（图 7-41）。

图 7-41 擦缝

2. 墙砖镶贴施工质量验收

墙砖镶贴施工验收标准如下。

① 表面洁净，不得有划痕，色泽均匀，图案清晰，接缝均匀，板块无裂纹、缺棱掉角等现象（图 7-42）。

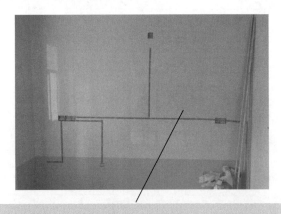

小贴士

　　厨房和卫浴间内的墙砖，在粘贴完成后，可用胶带将管线位置标示出来

图 7-42 外观检查

② 检查平整度（图 7-43）。平整度用 2m 靠尺检查。

平整度≤2mm，相邻间缝隙宽度≤1mm，平直度≤2mm，接缝高低差≤0.5mm

图 7-43　检查平整度

③ 墙砖粘贴必须牢固，无歪斜。空鼓检查（图 7-44）应符合质量标准。

④ 墙砖粘贴阴阳角必须用角尺检查成 90°（图 7-45），墙砖粘贴阳角必须 45°碰角，碰角严密，缝隙贯通。

⑤ 墙砖切开关插座位置时，位置必须准确（图 7-46），保证开关面板装好后缝隙严密。

⑥ 墙砖的管道出口为掏孔处理时，掏孔应严密。

⑦ 墙砖镶贴时，与门洞、窗洞的交口应平整，缝隙顺直均匀（图 7-47、图 7-48）。

小贴士

墙砖空鼓率需控制在总数的5%以下，单片空鼓面积不超过10%

图 7-44　空鼓检查

 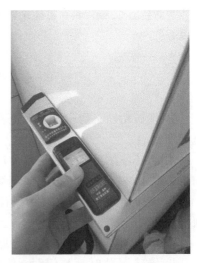

图 7-45　阴阳角检查

图 7-46　开关位置切割准确

图 7-47　墙砖与门洞口

图 7-48　墙砖与窗洞口

3. 墙砖镶贴施工常见质量问题及解决方法

墙砖镶贴施工过程中往往会出现很多的质量问题，常见的质量问题及解决方法见表 7-9。

表 7-9　墙砖镶贴常见问题及解决

质量问题	出现原因	解决方法
镶贴不牢	由于基层清理不干净或太光滑，或基层自身材料强度低，干缩变形开裂（轻质墙体尤为多见），会造成墙面水泥砂浆找平层与基层黏结不牢，成为"两张皮"，用小锤轻击检查有响鼓声。找平层连同面层成片脱落，会影响饰面工程质量和危害人身安全	①当基体为混凝土时，先剔凿混凝土基体上的凸出部分，使基体基本达到平整、毛糙，然后刷一道界面剂，在不同材料的交接处或表面有孔洞处，须用 1∶2 或 1∶3 水泥砂浆找平。 ②填充墙与混凝土地面结合处还应用钢板网压盖接缝，射钉钉牢。 ③对于加气混凝土砌块墙，应在基体清理干净后先刷界面剂一道，为保证块料粘贴牢固，再满钉丝径 0.7mm、孔径 32mm×32mm 或以上的机制镀锌钢丝网一道。用直径为 6mm 的 U 形钉固定，钉距应不大于 600mm，呈梅花形分布。 ④基体为砖砌体时应用錾子剔除砖墙面多余灰浆，然后用钢丝刷清除浮土，并用清水将墙体充分湿润，湿润深度为 2～3mm

质量问题	出现原因	解决方法
饰面砖泛黄	①所用砂浆拌和水不干净。 ②镶贴完擦洗不净。 ③镶贴前没有挑选砖块。 ④镶贴时用力敲击	①在施工过程中,浸泡釉面砖应用洁净水,粘贴釉面砖的砂浆应使用干净的原材料进行拌制。 ②粘贴应密实,砖缝应嵌塞严密,砖面应擦洗干净。 ③釉面砖粘贴前一定要浸泡透,将有隐伤的挑出。尽量使用和易性、保水性较好的砂浆粘贴。 ④操作时不要用力敲击砖面,防止产生隐伤,并随时将砖面上的砂浆擦洗干净
接缝不平直	①选择的饰面砖材质、尺寸、颜色不同,并存在缺陷,同一房间内使用的规格不一致,造成接缝不平直,缝宽不一致,影响观感。 ②黏结前,未做好规矩、弹线和分格。 ③饰面砖未一次黏结平直,在黏结砂浆上左右移动	①挑选面砖的材质作为一道工序要严格执行,应将色泽不同的瓷砖分别堆放,挑出翘曲变形、有裂纹、面层有杂质的面砖。 ②粘贴前做好规矩,用水平尺找平,校核墙面的方正,先算好纵横皮数,划出皮数杆,定出水平标准。以废面砖贴灰饼,划出标准,灰饼间距以靠尺板够得着为准,阳角处要两面抹直。 ③对要求面砖贴到顶的墙面应先弹出顶棚边或龙骨下标高线,确定面砖粘贴上口线,从上往下按整块饰面砖的尺寸分划到最下面的饰面砖。 ④当最下面砖的高度小于半块砖时,最好重新分划,使最下面一层面砖高度大于半块砖。排砖分划后,可将面砖多出的部分伸入到吊顶内。 ⑤弹竖向线最好从墙面一侧端部开始,以便将不足模数的面砖粘贴于阴角或阳角处。 ⑥根据弹好的水平线稳稳放好平尺板,作为粘贴第一行面砖的依据,由下向上逐行粘贴。 ⑦每贴好一行面砖应及时用靠尺板横、竖向靠直,偏差处用灰匙木柄轻轻敲平,及时校正横、竖缝使之平直,严禁在粘贴砂浆收水后再进行纠偏移动

续表

质量问题	出现原因	解决方法
空鼓	①基层处理不干净，墙面浇水未浇透。 ②在粘贴前未充分浸水，干砖粘贴上墙后吸收砂浆中的水分，致使砂浆中水泥不能完全水化，造成粘贴不牢或面砖浮滑。 ③内墙饰面砖黏结砂浆过厚或过薄。 ④黏结后未进行压实操作，误认为不脱落即黏结牢固	①基层清理干净，表面修补平整，墙面洒水湿透。 ②面砖使用前，必须清洗干净，用水浸泡到面砖不冒气泡为止，且不少于2小时，然后取出，待表面晾干后方可粘贴。 ③面砖黏结砂浆厚度一般控制在5~8mm，过厚或过薄均易产生空鼓。必要时使用掺有用量为水泥质量3%的108胶水泥砂浆，以使黏结砂浆的和易性和保水性较好，并有一定的缓凝作用。 ④当采用混合砂浆黏结层时，粘贴后的釉面砖可用灰匙木柄轻轻敲击。 ⑤当采用108胶水泥砂浆黏结层时，可用手轻压，并用橡皮锤轻轻敲击，使其与底层黏结密实牢固。凡遇黏结不密实的，应取下重贴，不得在砖口处塞灰

四、教你如何进行马赛克镶贴

1. 马赛克镶贴的基本步骤

马赛克镶贴的基本步骤如下。

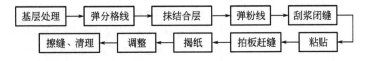

2. 马赛克镶贴操作详解

（1）工具准备（图7-49）

准备好施工需要的工具，包括贴缝专用胶、齿形刮板、填缝工具、水盆、清水及清洁布等。

马赛克粘贴填缝专用胶

专用填缝工具(海绵刮板)

专用铺贴工具(锯齿刮板)

图 7-49　施工所需工具

（2）基层处理（图 7-50）

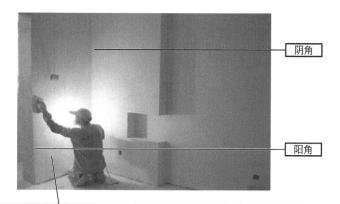

阴角

阳角

小贴士

　　基层面应平整、坚实、干燥、清洁，轻质隔墙基层应挂网，如果是新抹灰基层面，至少养护7天后再贴马赛克

图 7-50　墙面基层处理

将墙面上的松散混凝土、砂浆等杂物清理干净、补好脚手眼，浇水湿润墙面，分层用1：3水泥砂浆打底找平，砂浆应拍实，用刮尺按冲筋面刮平，木抹子搓粗，阴阳角必须抹得垂直、方正、平整，干燥天气应洒水养护。

在开始粘贴前应当确保水泥基层是干燥的，若为木板基面，则可直接用木板型中性马赛克益胶泥在干燥的水泥基面做一层防水层。做好防水层后，在防水层上刷涂一层中性胶泥，待干后再粘接马赛克。

（3）弹分格线（图7-51）

陶瓷锦砖（马赛克）如设计有横向和竖向分格缝，一般铺设规格为玻璃锦砖每联尺寸308mm×308mm，联间缝隙2mm，排版模数为310mm。每小粒锦砖背面尺寸近似18mm×18mm，粒间间隙也为2mm，每粒铺贴模数可取20mm。窗间墙尺寸排完整联后的尾数若不能被20mm整除，则最后一排锦砖排不下去，只有通过分格缝进行调整。

图7-51 弹分格线

预铺时如出现拼接的中间部分有缝隙，应将马赛克接头处两边的胶和纱网割掉清除，做到接头处缝隙正常协调为止。

（4）抹结合层（图 7-52）

墙面找平层上洒水湿润，刷一遍素水泥浆。随刷随抹结合层。

小贴士

结合层一般采用1：1的水泥砂浆，3mm厚，也可用1：0.3的水泥纸筋浆，抹厚2～3mm

图 7-52　抹结合层操作

（5）弹粉线

在结合层上弹粉线。一般每方格以四联锦砖为宜。

（6）刮浆闭缝（图 7-53）

将锦砖粘贴面平铺在木板上，按水灰比为 0.32 调制水泥浆，用铁抹子将水泥浆刮入锦砖缝隙中，缝隙填满后再在表面刮一层厚 1～2mm 的水泥浆黏结层。若铺白色或浅色锦砖，则黏结层和填缝水泥浆应用白水泥调制。

（7）软贴法粘贴（图 7-54）

粘贴陶瓷锦砖时，一般自上而下进行。在抹黏结层之前，应在湿润的找平层上刷素水泥浆一遍，抹 3mm 厚的 1：1：2 纸筋石灰

小贴士

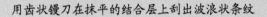
用齿状镘刀在抹平的结合层上刮出波浪状条纹

图 7-53 刮浆闭缝操作

膏水泥混合浆黏结层。待黏结层用手按压无坑印时，即在其上弹线分格，由于灰浆仍稍软，故称为"软贴法"。

（8）硬贴法粘贴

硬贴法是在已经弹好线的找平层上洒水，刮一层厚度在 1~2mm 的素水泥浆，再按软贴法进行操作。但此法的不足之处是找平层上的所弹分格线被素水泥浆遮盖，锦砖铺贴无线可依。

（9）拍板赶缝

由于水泥浆未凝结前有流动性，锦砖上墙后在自重作用下有少许下坠；或因操作误差，联与联之间的横向或竖向缝隙易出现偏差，铺贴后应用木拍板赶缝并进行调整。

（10）揭纸（图 7-55）

锦砖应按缝对齐，联与联之间的距离应与每联排缝一致，再将硬木板放在已经贴好的锦砖纸面上，用小木锤敲击硬木板，逐联满敲一遍，保证贴面平整。待黏结层开始凝固，即可在锦砖护面纸上用软毛刷刷水湿润。揭纸应仔细按顺序用力向下揭，切忌往外猛揭。

　　将每联陶瓷锦砖铺在木板上（底面朝上），用湿棉纱将锦砖黏结层面擦拭干净，再用小刷蘸清水刷一道。随即在锦砖粘贴面刮一层2mm厚的水泥浆，边刮边用铁抹子向下挤压，并轻敲木板振捣，使水泥浆充盈于拼缝内，排出气泡。水泥浆的水灰比应控制在0.3～0.35之间。然后在黏结层上刷水湿润，将锦砖按线、靠尺粘贴在墙面上，并用木锤轻轻拍敲按压，使其更加牢固

图7-54　软贴法粘贴马赛克

　　（11）调整

　　揭纸后如有个别小块颗粒掉下应立即补上。如发现"跳块"或"瞎缝"，应及时用钢刀拨开复位，使缝隙横平竖直，填缝后（图7-56），再垫木拍板将砖面拍实一遍，以增强黏结力。此项工作须在水泥初凝前做完。

　　（12）擦缝、清理（图7-57）

　　擦缝应先用橡皮刮板，用与镶贴时同品种、同颜色、同稠度的素水泥浆在锦砖上满刮一遍，个别部位须用棉纱蘸浆嵌补。擦缝后素浆严重污染了锦砖表面，必须及时清理清洗。清洗墙面应在锦砖黏结层和勾缝砂浆终凝结后进行。

　　用清水和吸水性好的棉布（或海绵）擦拭，将马赛克表面清洁干

护面纸吸水泡开后便可揭纸。揭纸应先试揭。在湿纸水中撒入水泥灰搅匀，能加快纸面吸水速度，使揭纸时间提前

图 7-55　揭纸操作施工

图 7-56　填缝

净。表面清洁后，用增亮剂（如水蜡）再擦拭，有助于马赛克表面保持光亮。

马赛克养护：①不论何种类型的马赛克，用于地面时要防止重物击打；另外，贝壳马赛克仅用清水擦拭即可，其他类型清洁保养可用一般洗涤剂，如去污粉、洗衣粉等，重垢也可用洁厕剂洗涤；

②若马赛克脱落、缺失，可用同品种的马赛克粘补。黏结剂配方为：水泥1份、细砂1份、107胶水0.02～0.03份或水泥1份、107胶0.05份、水0.26份。107胶水一般占水泥的0.2%～0.4%。加107胶水后的黏结剂比单用水与水泥黏结牢固，而且初凝时间长，可连续使用2～3小时

图 7-57　清理马赛克

3. 马赛克施工质量验收

马赛克施工时要确定施工面平整且干净，打上基准线后，再将水泥（白水泥）或黏合剂平均涂抹于施工面上。依序将马赛克贴上，每张之间应留有适当的空隙。每贴完一张即用木条将马赛克压平，确定每处均压实且与黏合剂充分结合。之后用工具将填缝剂或原打底黏合剂、白水泥等充分填入缝隙中。最后用湿海绵将附着于马赛克上多余的填缝剂清洗干净，再用干布擦拭，即完成施工步骤。

粘贴马赛克的质量验收标准见表 7-10，允许偏差见表 7-11。

表 7-10　粘贴马赛克质量验收标准

项目	检验方法
马赛克无掉角、裂纹等缺陷，表面方正平整，色泽一致	观察检查，检验产品合格证及现场材料验收记录
粘贴用料应符合设计要求	观察检查
基层需坚实、干净、尺寸正确，面层粘贴安装牢固	
马赛克表面平整、洁净、纹理清晰、色泽一致，无歪斜翘曲，粘贴无空鼓	观察、锤击测声检查
面砖之间的缝隙均匀一致，填嵌密实、平直、颜色一致	拉通线检查
特殊部位砖压向正确，非整砖使用部位适当，排列平直	拉通线检查
墙阳角对接时，角度正确，线条顺直	观察、拉线吊线检查

表 7-11　粘贴马赛克允许偏差

项目	允许偏差/mm	检验方法
表面平整	2	2m 靠尺、楔形塞尺检查
立面垂直	2	2m 托线板检查
阳角方正	2	方尺、楔形塞尺检查
接缝平直	2	拉 5m 线，不足 5m 拉通线尺量检查
接缝高低	0.5	用直尺和楔形塞尺检查
接缝宽度	0.5	用尺检查

一、饰面板安装的常用方法

饰面板安装的常用方法有胶粘法和干挂法两种。

1. 胶粘法

胶粘法的施工操作要点如下。

① 根据具体设计所用的饰面板规格，用水平尺和靠尺在墙面上弹出每块饰面板具体位置的水平线和垂直线，保证饰面板的水平度和垂直度，阴阳角方正。

② 选取花岗石、大理石饰面板或预制水磨石饰面板品种、规格、颜色、纹理、外观质量一致者，按墙面装修施工大样图排列编号（图 8-1），并在建筑现场翻样试拼、校正尺寸、四角套方。

③ 墙面及饰面板背面上胶处，预先用砂纸均匀打磨净（如图 8-2 所示），处理粗糙并保持洁净，保证粘贴强度。

④ 严格按照产品有关规定调胶（图 8-3），按规定在饰面板背面

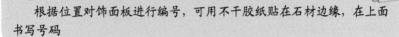

小贴士

根据位置对饰面板进行编号，可用不干胶纸贴在石材边缘，在上面书写号码

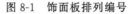

图 8-1　饰面板排列编号

小贴士

当贴饰面板高度超过9m时，采用粘贴锚固法，即在墙上具体位置钻孔、剔槽，埋入Φ10钢筋，焊接钢筋与外面的不锈钢板，在钢板上满胶，将饰面板与之粘实

图 8-2　饰面板打磨施工

点式涂胶。

调好的胶

图 8-3　调胶

⑤ 按饰面板编号顺序进行粘贴。

⑥ 饰面板定位粘贴后，应对各黏结点详细检查，必要时加胶补强，要在胶未硬化前进行反复检查、校正。

⑦ 全部饰面板粘贴完毕后，将饰面板表面清理干净，进行嵌缝（图 8-4）。

清理表面之后嵌缝

图 8-4　清理表面

⑧ 板缝根据具体设计预留，缝宽不得小于 2mm，用透明型胶调入与饰面板颜色近似的颜料将缝嵌实。

⑨ 饰面板表面打蜡上光或涂防水剂。

2. 干挂法

① 把专用模具固定在台钻上，根据设计尺寸和图样要求对挑选好的饰面板进行钻孔（图 8-5）。为保证孔眼的位置准确和垂直，要用专用饰面板托架固定饰面板，使打孔的小面与钻头垂直，钻头直径 4.5mm，孔深 20mm，孔径 5mm。钻孔内的石屑应及时清理干净。

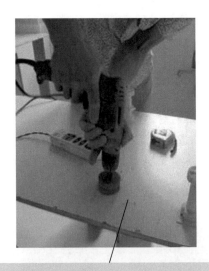

小贴士

打孔时遇到结构钢筋时，将孔位在水平上方向移动或往上抬高，在上连接铁件时利用可调余量调回即可

图 8-5　饰面板打孔

② 饰面板钻孔后，随即在背后刷不饱和树脂胶，主要采用一布

二胶的做法。

饰面板在刷胶前应编号并将表面污物清理干净，然后刷头遍胶（图 8-6）。胶应随用随配，防止固化，避免造成浪费。刷胶要均匀，特别是边角和孔眼的薄弱环节要仔细刷，刷完头遍胶后铺贴玻璃纤维网格布，布要满铺，并用刷子从一边一遍一遍地赶平，铺平后再刷第二遍胶，刷子蘸胶不宜过多，防止胶流到饰面板的小面，给嵌缝带来困难。

图 8-6　饰面板背面刷胶

③ 清理结构表面，同时进行吊直、找规矩（图 8-7）。

④ 竖向挂线宜用 $\Phi1.0\sim\Phi1.2$ 的钢丝，下边沉铁的重量随高度而定，一般 40m 以下用 $8\sim10$kg，上端挂在专用的挂线角钢架上，挂线的位置一定要选在牢固、准确、不易碰到的地方。

⑤ 结构表面弹好控制线以后，按设计图样及饰面板钻孔位置，准确地将定位钻孔的位置弹在结构表面上，按标记打孔。

⑥ 打孔（图 8-8）时先用尖錾子在预先弹好的位置上凿一个点，用冲击钻打孔（用 $\Phi10.5$ 的冲击钻头），孔深 $60\sim80$mm，成孔要与结构垂直，成孔后及时用小勺勺掏出孔内的灰粉，安放膨胀螺栓，将本层所需的膨胀螺栓全部安装就位。

⑦ 把预先加工好的底层托架按水平线支在将要安装的底层饰面

在清理好的结构表面用经纬仪打出大角两个面的垂直控制线，并根据设计图样和实际需要弹出安装饰面板的位置线和分块线

图 8-7　结构表面找规矩

板上面（图 8-9）。支托的支撑相互之间连接牢靠，支托安放好后沿支托的方向钉铺通长的厚木板，木板的上口要在同一水平面上，以保证饰面板的上下面处在同一水平面上。

　　⑧ 用不锈钢螺栓固定角钢和平钢板，调整平钢板的位置，使平钢板的小孔正好与饰面板的插入孔对正，固定平钢板，用力矩扳子拧紧。

　　⑨ 用夹具暂时固定饰面板，在饰面板侧孔抹胶，调整铁件，插固定钢针，调整饰面板固定。依次按顺序将底层饰面板安装完毕。

　　⑩ 检查一下各饰面板是否在同一水平线上，如有高低不平可用木楔子进行调整。先调整饰面板的水平和垂直度，检查板缝，板缝宽度应符合设计要求，且缝宽均匀，将板缝嵌紧衬条，嵌缝高度要高于 25cm，其后用 1：2.5 的白水泥砂浆灌于底层面板内（20cm）高，砂

图 8-8　墙面钻孔及安装膨胀螺丝

浆表面上设排水管。

⑪ 在 1：1：5 的白水泥环氧树脂中倒入固化剂、促进剂，用小勺搅匀，将配好的胶抹入饰面板的上孔内，再把长 40mm、直径 5mm 的连接钢针通过平板上的小孔插入直至面板孔，钢针应无伤痕，安装要保证垂直。

⑫ 顶部最后一层饰面板除按一般饰面板安装要求操作外，安装调整后，在结构与饰面板的缝隙里吊一通长 20mm 厚木条，木条上平面在饰面板上口以下 250mm，吊点可设在连接铁件上，可使用铅丝吊木条。

⑬ 木条吊好后，即可在饰面板与墙面之间的空隙里塞放聚苯板。聚苯板条要略宽于空隙，以便填塞严实，防止灌浆时漏浆，造成孔洞和蜂窝等，灌浆至饰面板口下 20mm 做压顶盖板之用。

图 8-9 安装托架

⑭ 贴防污条、嵌缝。沿饰面板边缘贴 4cm 宽的纸带型不干胶，边沿要贴齐、贴严，在饰面板间缝隙处嵌弹性背衬条，最后在背衬条外用嵌缝枪把中性硅胶打入缝内，打胶时用力要均匀，走枪要稳而慢。

3. 饰面板安装施工质量验收

大理石、花岗岩等饰面板安装施工质量验收应按下列要求进行。

① 饰面板表面要求见图 8-10。

② 饰面板嵌缝应密实、平直，宽度和深度应符合设计要求，嵌填材料色泽应一致（图 8-11）。

饰面板表面应平整、洁净、色泽一致，无裂痕和缺损，无泛碱等污染应平整、洁净、色泽一致，无裂痕和缺损，无泛碱等污染

图 8-10 饰面板外观

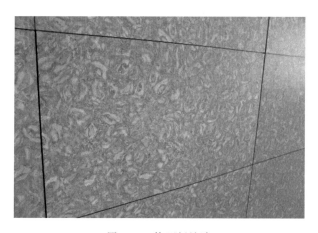

图 8-11 饰面板缝隙

③ 采用湿作业法施工的饰面板工程应进行防碱被涂处理，饰面

板与基体之间的灌注材料应饱满、密实。

④ 饰面板上的孔洞应套割吻合，边缘应整齐（图 8-12）。

图 8-12 饰面板套孔

⑤ 饰面板安装工程的预埋件（或后置埋件）、连接件的数量、规格、位置、连接方法和防腐处理必须符合设计要求。后置埋件的现场拉拔强度必须符合设计要求。饰面板安装必须牢固。

⑥ 饰面板安装的允许偏差和检验方法应符合表 8-1 规定。

表 8-1 饰面板安装的允许偏差和检验方法

项目	允许偏差/mm							检验方法
	石材			瓷板	木材	塑料	金属	
	光面	剁斧石	蘑菇石					
立面垂直度	2	3	3	2	1.5	2	2	用 2m 垂直检测尺检查
表面平整度	2	3	—	1.5	1	3	3	用 2m 靠尺和塞尺检查

续表

项目	允许偏差/mm							检验方法
	石材			瓷板	木材	塑料	金属	
	光面	剁斧石	磨菇石					
阴阳角方正	2	4	4	2	1	1	1	用直角检测尺检查
接缝直线度	2	4	4	2	1	1	1	拉 5m 线,不足 5m 拉通线,用钢直尺检查
墙裙、勒脚上口直线度	2	3	3	2	2	2	2	拉 5m 线,不足 5m 拉通线,用钢直尺检查
接缝高低差	0.5	3	—	0.5	0.5	1	1	用钢直尺和塞尺检查
接缝宽度	1	2	2	1	1	1	1	用钢直尺检查

二、教你如何安装木质饰面板

1. 木质饰面板安装基本步骤

木质饰面板安装基本步骤如下。

弹分格线 → 拼装骨架 → 打木楔 → 安装木龙骨架 → 铺钉罩面板

2. 木质饰面板安装操作详解

（1）拼装骨架（图 8-13）

木墙身的结构一般情况下采用 25mm×30mm 的木方。先将木方排放在一起刷防火涂料及防腐涂料，然后分别加工出槽和榫，在地面上拼装成木龙骨架。

木龙骨架的方格网规格通常是300mm×300mm或400mm×400mm。对于面积较小的木墙身，可在拼成木龙骨架后直接安装上墙；对于面积较大的木墙身，则需要分几片分别安装上墙

图 8-13　木骨架拼装

（2）打木楔

用 $\phi16\sim\phi20$ 的冲击钻头在墙面上弹线的交叉点位置钻孔，孔距为 600mm 左右，深度不小于 60mm。钻好孔后，随即打入经过防腐处理的木楔。

（3）安装木龙骨架（图 8-14）

先立起木龙骨靠在墙上，用吊垂线或水准尺找垂直度，确保木墙身垂直。

（4）铺钉罩面板（图 8-15）

按照设计图纸将罩面板按尺寸裁割、刨边。用 15mm 枪钉将罩面板固定在木龙骨架上。如果用铁钉则应将钉头砸扁埋入板内 1mm，且要布钉均匀，间距在 100mm 左右。

3. 木质饰面板安装质量验收

木质饰面板安装质量验收应按下列要求进行。

小贴士

　　用水平直线法检查木龙骨架的平直度。当垂直度和平直度都达到要求后，即可用钉子将其钉在木楔上

图 8-14　木龙骨架安装

　　① 装饰面板到达施工现场后，存放于通风、干燥的室内，切记注意防潮。在装修使用前需用细砂纸清洁（或气压管吹）其表面灰尘、污质，出厂面板表面砂光良好的，只需用柔软羽毛掸子清除灰尘污垢。

　　② 用硝基清漆油刷饰面板表面，每油刷完一次，待 30～60 分钟以上油漆干透后用砂纸再打磨饰面板，然后继续刷第二次底漆，再打磨，依此类推，在进行饰面板施工前，最少完成三次底漆施工，不能用不合格的油漆。

　　③ 完成饰木施工后，再刷两次底漆，然后对钉孔进行补灰施工，要求在 1m 视线内看不到钉孔（有些装修公司已经采用在贴面板底层涂强力胶水胶合的方法代替打钉，以达到更佳的装饰效果，也减免了装修中钉孔补灰的工艺，但装饰成本略高）。

木质饰面板安装所涉及的主要材料有胶合板、薄木贴面板、防火板、木龙骨等。

①薄木贴面板是胶合板的一种，是新型的高级装饰材料，利用珍贵木料如花樟、柚木、水曲柳、榉木、胡桃木等通过精密刨切制成厚度为0.2～0.5mm的微薄木片，再以胶合板为基层，采用先进的胶黏剂和黏结工艺制成。

②防火板又称耐火板，是由表层纸、色纸、多层牛皮纸构成的，基材是刨花板。表层纸与色纸经过三聚氰胺树脂成分浸染，经干燥后叠合在一起，在热压机中经过高温高压制成

图 8-15　铺钉罩面板

④ 补灰工作完成后，继续油刷 5 次底漆，其间每油刷一次，都须用砂纸打磨饰面，然后对局部显眼钉孔再调色修补。

⑤ 完成施工后，用清水进行饰面打磨 2～3 次，直至看不到明显油刷痕迹为止。

⑥ 最后进行 3 次硝基面漆施工，用于保护饰面和提高光滑度。

⑦ 对完工的贴面板，用纸皮进行保护。不适合在阳光直射及潮湿、干燥（如空调出风口正对面，暖气罩旁等）的地方使用，否则，面板会出现发霉、变色、开裂等。

三、教你如何安装金属饰面板

1. 金属饰面板安装基本步骤

金属饰面板安装的基本步骤如下。

放线 → 安装连接件 → 安装骨架 → 安装铝合金装饰板 → 收口处理

2. 金属饰面板安装操作详解

（1）放线（图 8-16）

在主体结构上按设计图纸的要求准确地弹出骨架安装的位置，并详细标注固定件的位置。

小贴士

如果作业面的面积比较大，龙骨应横竖焊接成网架，放线时应根据网架的尺寸弹放。同时也应对主体结构尺寸进行校对，如发现较大的误差应及时进行修补

图 8-16　放线操作

（2）安装连接件

通常情况下采用膨胀螺栓来固定连接件，其优点是尺寸误差小，

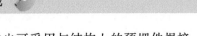

容易保证准确度。同时连接件也可采用与结构上的预埋件焊接。而对于木龙骨架则可采用钻孔、打木楔的方法。

（3）安装骨架（图8-17）

骨架可采用型钢骨架、轻钢和铝合金型材骨架。

小贴士

　　骨架与连接件的固定可采用螺栓或焊接的方法，并且在安装中随时检查标高及中心线的位置。另外，所有骨架的表面必须做防锈、防腐处理，连接焊缝必须涂防锈油漆

图8-17　安装骨架

（4）安装铝合金装饰板

通常情况下采用抽芯铝铆钉来固定铝合金装饰板，其中间必须垫橡胶垫圈，抽芯铝铆钉间距在100～150mm之间，用锤子钉在龙骨上；如采用螺钉固定时，应先用电钻在拧螺钉的位置上钻一个孔，再用自攻螺钉将铝合金装饰板固牢；如采用木骨架时，可直接用木螺钉将铝合金装饰板钉在木龙骨上。

（5）收口处理

在压顶、端部、伸缩缝和沉降缝的位置上进行收口处理，一般采用铝合金盖板或槽钢盖板缝盖，以满足装饰效果。

3. 金属饰面板安装质量验收

金属饰面板安装质量验收应按下列要求进行。

① 金属饰面板、骨架及其材料入场后，应存入库房内码放整齐，上面不得放置重物。露天存放应进行覆盖。保证各种材料不变形、不受潮、不生锈、不被污染、不脱色、不掉漆。

② 饰面板必须在墙柱内各专业管线安装完成，试水、保温等全部检验合格后再进行安装。

③ 加工、安装过程中，铝板保护膜如有脱落要及时补贴。加工操作台上需铺一层软垫，防止划伤金属饰面板。

④ 在安装骨架连接件时，应做到定位准确、固定牢固，避免因骨架安装不平直、固定不牢固，引起板面不平整、接缝不齐平等问题。

⑤ 嵌缝前应注意板缝清理干净，并保证干燥。板缝较深时应填充发泡材料棒（条），然后注胶，防止因板缝不洁净造成嵌缝胶开裂、雨水渗漏。

⑥ 嵌注耐候密封胶时，注胶应连续、均匀、饱满，注胶完后应使用工具将胶表面刮平、刮光滑。避免出现胶缝不平直、不光滑、不密实的现象。

⑦ 金属饰面板排版分格布置时，应根据深化设计规格尺寸并与现场实际尺寸相符合，兼顾门、窗、设备、箱盒的位置，避免出现阴阳板、分格不均等现象，影响金属饰面板的整体观感效果。

四、教你如何安装石材饰面板

1. 石材饰面板安装基本步骤

（1）大理石饰面板安装基本步骤
大理石饰面板安装基本步骤如下。

板块钻孔 → 基体钻斜孔 → 板材安装与固定

（2）花岗石饰面板安装基本步骤

花岗石饰面板安装基本步骤如下。

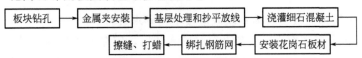

2. 石材饰面板安装操作详解

（1）大理石饰面板安装操作详解

① 板块钻孔：用电钻在距板两端1/4处居板厚中心钻孔，孔径为6mm、深35～40mm。板宽小于500mm的打直孔2～3个，板宽大于500mm的打直孔3～4个，板宽大于800mm的打直孔4～5个。然后将板旋转90°，在板两边分别各打直孔一个，孔位距板下端100mm，孔径为6mm、深35～40mm，直孔都需要剔出7mm深的小槽，以便安装U形钉。

② 基体钻斜孔：板材钻孔后，按基体放线分块位置临时就位，确定对应于板材上下直孔的基体钻孔位置。用冲击钻在基体上钻出与板材平面呈45°角的斜孔，孔径为6mm、深40～50mm。

③ 板材安装与固定（图8-18）：将U形钉一端勾进石材板块的

图8-18 大理石饰面板安装

直孔中，并随即用小硬木楔楔紧。另一端勾进基体斜孔中，校正板块平整度、垂直度符合要求后，也用小硬木楔楔紧，同时用大头硬木楔楔紧板块，随后便可进行分层灌浆。

（2）花岗石饰面板安装操作详解

① 金属夹安装：在石板背面钻 135°的斜孔，先用合金钢凿子在打孔平面剔窝，再用台钻直对石板背面打孔，打孔时将石板固定在135°的木架上，孔深 5～8mm，孔底距石板磨光面 9mm、孔径为8mm。然后把金属夹安装在 135°的孔内，用 JGN 建筑结构胶固牢，并与钢筋网连接牢固。

② 绑扎钢筋网：先绑竖筋，竖筋与结构内预埋筋或预埋铁件连接，横向钢筋则需根据石板规格，在比石板低 2～3mm 的位置做固定拉接筋，其他横筋可根据设计间距均分。

③ 安装花岗石板材（图 8-19）：按试拼板就位，石板上口外仰，将两板间连接筋对齐，连接件挂牢在横筋上，用木楔垫稳石板，用靠尺检查调整平直，一般从左向右进行安装，柱面水平交圈安装，以便校正阳角垂直度。四大角拉钢丝找直，每层石板应拉通线找平直，阴阳角用方尺套方。

④ 浇灌细石混凝土：把搅拌均匀的细石混凝土用铁簸箕慢慢倒入，不得碰动石板。要求下料均匀，轻捣细石混凝土，直至无气泡。每层石板分三次浇灌，每次浇灌间隔 1 小时左右，等初凝后无松动、无变形，方可再次浇灌细石混凝土。

3. 石材饰面板安装质量验收

石材饰面板安装质量验收应按下列要求进行。

① 固定石材的钢筋网与预埋件连接必须牢固可靠，每块石材与钢丝网拉接点不得少于 4 个，拉接用的金属丝应具有防锈性能。

② 强度较低或较薄的石材背面应粘贴有玻璃纤维网布。

③ 石材饰面板表面应平整、整洁；拼花正确、纹理清晰通顺，颜色均匀一致。

④ 非整板部位安排适宜，阴阳角处的板压向正确。

如发现缝隙大小不均匀，应用铅皮垫平，使石板缝隙均匀一致，并保证每层石板上口平直

图 8-19　花岗石饰面板安装

　　⑤ 凸出物周围的板应采取整板套割，尺寸准确，边缘吻合整齐、平顺，墙裙等上口平直。

　　⑥ 滴水线应顺直，流水坡向正确、清晰美观。

五、饰面板安装常见问题及解决方法

　　饰面板安装施工中的常见问题及解决方法见表 8-2。

表 8-2　饰面板安装施工中的常见问题及解决方法

常见问题	原因	解决方法
板块脱落	采用灌浆法（传统安装方法）安装饰面板，当饰面板边长超过 400mm 或安装高度超过 1m 时主要靠每边板的上、下边钻孔，并用铜丝或不锈钢丝穿入孔内，以作绑扎固定之用。若每块板的上、下边钻孔数量少于 2 个，会大大削弱板的安装牢固度，严重时会造成板块脱落，甚至导致质量与安全事故	钻孔时应将饰面板固定在木架上，用手电钻直接对饰面板应钻孔位置下钻。孔需在订货时由生产厂家加工。当板宽在 500mm 以内时，每块板的上、下边的钻孔数量均不得少于 2 个，当超过 500mm 时应不少于 3 个。钻孔的位置应与基层上的钢筋网的横向钢筋位置相适应

续表

常见问题	原因	解决方法
饰面板游走、错位	采用钢筋网片锚固灌浆法安装饰面板时,饰面板自下而上安装完毕后,未采取临时固定措施	柱面固定时,可用方木或小角钢做成固定夹具,夹具截面尺寸应比柱饰面截面尺寸略大 30~50mm,夹牢,用木楔塞紧。小截面柱也可用麻绳裹缠。外墙面固定饰面板应充分运用外脚手架的横杆和立杆,以脚手杆做支撑点,在板面设横木方,用斜木方支顶横木方撑牢。内墙面由于无脚手架作为支撑点,采用饰面板和石膏外贴固定时,石膏在调制时应掺入 20% 的水泥,加水搅拌成糊状,在已调整好的板面上将石膏水泥浆注于板缝处
饰面板开裂	①灌浆不严,板缝填嵌不密封,侵蚀气体、雨水或潮湿空气透入板缝,易使钢筋网锈蚀膨胀,造成石材板开裂。 ②墙、柱上下部位,板缝未留空隙或空隙太小,受到压力变形,板材会受到垂直方向的压力;大面积墙面不设变形缝,受环境温度变化影响,会使板块受到挤压而开裂。 ③计划不周或施工无序,在饰面板安装后又在墙上开凿孔洞,导致饰面板出现犬牙和裂缝。墙面饰面板开裂,影响美观和耐久性	①粘贴饰面板应待结构沉降稳定后进行,粘贴饰面板应留一定缝隙,以防结构压缩变形导致饰面板破坏开裂。 ②磨光饰面板缝隙小于或等于 0.5~1mm,灌浆应饱满,嵌缝应严密,避免腐蚀性气体渗入,锈蚀挂网,损坏板面。 ③选料加工时应剔除色纹异常、暗缝、隐伤等缺陷,加工孔洞、开槽应仔细操作
饰面板墙空鼓	①由于基层和板块背面清理不干净,灰尘或脏污物残存。 ②粘贴或灌缝砂浆稠度控制不当,粘贴或灌缝不饱满,安装后砂浆养护不良。 ③板块现场钻孔不当,太靠边或钻伤板边,或用铁丝绑扎固定板块,日后锈蚀膨胀;室外板缝嵌填不密实,不防水,雨雪入侵板缝至黏结层和基层,发生冻融循环、干湿循环,又由于水分入侵,诱发析盐、盐结晶体积膨胀等	①湿法作业时灌浆应分层,还需轻轻仔细插捣,结合部留 500mm,不要一次灌满,使上下结合牢固。 ②安装饰面板前,基层和板块背面必须清理干净,用水充分湿润,阴干至表面无水迹。 ③严格控制砂浆稠度,粘贴法砂浆稠度宜为 60~80mm;灌缝法砂浆稠度宜为 80~120mm,并应分层灌实,每层灌注高度宜为150~200mm,且不得高于板块高的 1/3。 ④板块边长小于 400mm 时可用粘贴法安装。板块边长大于 400mm 时,应用灌缝法安装,其板块均应绑扎牢固,不能单靠砂浆黏结。系固饰面板用的钢筋网,应与锚固件连接牢固。每块板的上、下边钻孔数量均不得少于 2 个,并用铜丝或不锈钢丝穿入孔内系固,禁止使用铁丝或镀锌铁丝穿孔绑扎

参 考 文 献

[1] GB 50300—2013 建筑工程施工质量验收统一标准.

[2] GB 50202—2002 建筑地基基础工程施工质量验收规范.

[3] GB 50203—2011 砌体工程施工质量验收规范.

[4] GB 50204—2002 混凝土结构工程施工质量验收规范.

[5] GB 50207—2012 屋面工程施工质量验收规范.

[6] GB/T 50210—2001 建筑装饰装修质量验收规范.

[7] JGJ/T 244—2011 房屋建筑室内装饰装修制图标准.

[8] 理想·宅编. 一看就懂的装修施工书. 北京：中国电力出版社，2016.